U0004702

# 樹蛙

## 飼養環境、餵食、繁殖、健康照護一本通！

德文‧艾德蒙（Devin Edmonds）◎著

蔣尚恩◎譯

晨星出版

# 目錄

# 第一章

# 樹蛙當寵物

樹蛙是兩棲類裡面最有趣，以及最常被當作寵物的物種之一，他們敏捷輕快的行為和令人著迷的外表，吸引了許多人，從業餘的寵物飼主到專業的兩棲爬蟲學家都為之瘋狂。在寵物市場上的樹蛙種類目不暇給，提供我們機會去學習和尋找樂趣，有些相對較容易飼養且生命力強，但有些物種飼養難度高，甚至對經驗豐富的兩棲玩家或動物飼育員都很具有挑戰性。

## 樹蛙的自然史

　　顧名思義，樹蛙主要是樹棲型，他們大部分時間都待在離地的樹上或其他植物上，為了應付樹棲的生活型態，樹蛙具有又大又黏的腳趾吸盤，讓他們可以攀爬光滑表面，在枝條間穿梭，也能輕易爬上平坦的石頭和樹葉。幾乎全部的樹蛙都是夜行性，這解釋了為何他們的眼睛這麼大，讓他們能在夜晚活動時看清楚東西，也造就出一個難以用文字描述的奇異外貌，就像是想像中的外星生物。他們通常會把自己偽裝起來融入環境，不論是地衣覆蓋的樹皮或是一大片綠葉，其他許多物種也有隨環境改變自身顏色的能力，光線、溫度、濕度和其他環境條件都可能影響樹蛙的顏色。

　　樹蛙生存在迥異的環境，從潮濕的雨林到炎熱、乾旱的區域都能找到他們的蹤跡，除了南極洲，其餘大陸都有樹蛙的存在，中美洲和南美洲的熱帶雨林是樹蛙的大本營，擁有最多樣的樹蛙，這裡包含了樹蟾科（Hylidae）四分之三的物種。有些種類一輩子居住在樹冠層，永遠不會下到地面，其他則偏好聚集在水體附近，大部分時間都在池塘邊的小灌叢或樹上活動，同時也有些棲息在乾燥的沙漠地區，他們適應乾旱氣候，發展出特殊的保存水分方式。

　　與所有兩棲類一樣，樹蛙生存的關鍵是水，並且水也限制了他們出

許多樹蛙具有吸盤狀的腳趾，讓他們得以抓緊樹枝、葉片和其他表面，例如圖中的紅眼樹蛙。

繁殖季到了，卵會產在水裡或漂浮植物上，不過根據物種不同，也常常看到卵產在水上的葉子，或是水邊的植物。樹蛙具有一段水生的幼年期，也就是蝌蚪，這段期間他們是完全水生，通常會啃食藻類和碎屑一直到變態後離開水面，蝌蚪時期的樹蛙面對掠食者非常脆弱，許多昆蟲、昆蟲幼蟲、魚類甚至其他蝌蚪都會以他們為食，許多樹蛙會一次產下大量卵，以確保至少能有些後代成功活過幼年期。

樹蛙利用大眼睛定位食物，必須依靠動作來獲取注意力並觸發進食行為，他們喜歡吃活昆蟲和無脊椎動物，某些大型樹蛙也會以小蜥蜴為食，有些甚至專門吃其他青蛙，更大型的種類會以小型哺乳類和小鳥為食。

族群危機

近幾年來，為數眾多的兩棲類正經歷嚴重的族群量下降，大量物種瀕臨滅絕，樹蛙也是其中之一。根據國際自然保護聯盟，三分之一的兩棲類正面臨滅絕威脅。

其中最大的因素非棲地破壞莫屬，隨著人口增加，所需的資源日增，對環境造成壓力。砍伐森林留下

## 沙漠樹蛙的適應演化

世界上存在著各式各樣的樹蛙，有些甚至棲息在水源稀少的乾旱地區，這些地方的樹蛙發展出獨特的適應演化來留存水分。鴨嘴樹蛙（Triprion petasatus）具有異常扁平的頭部，用來堵住他們居住洞穴的入口，防止水分散失，為自己創造一個空間躲避炎熱乾旱的日子。蠟白猴樹蛙（Phyllomedusa sauvagii）會從腺體分泌一種蠟狀的物質包裹身體，防止水分流失。

鴨嘴樹蛙奇形怪狀的頭部是為了留存水分演化出的適應方式。

光禿禿的土地，導致許多兩棲類失去家園。濕地是另一個重要的樹蛙棲地，也同樣正在消失，農業開發會對濕地造成傷害，建造水壩或其他的開發計畫，像是商業園區，也都會改變地景。棲地的保護管理是彌補這些損害的方法之一。

疾病同樣也造成族群量大幅減少，一種特別的真菌叫做蛙壺菌（*Batrachochytrium dendrobatidis*），已經造成許多兩棲類族群大量死亡，尤其是在較寒冷和高海拔區域，是這種真菌最喜好的環境。蛙壺菌屬於真菌底下的壺菌綱，他們分布廣泛，但直到最近才發現有脊椎動物被感染，蛙壺菌與數個物種的滅絕脫不了關係，同時也摧毀了好幾個樹蛙族群，目前尚未找到解決方法阻止這種毀滅性真菌的擴張，因此這種美麗生物的前景相當堪憂。

## 分類

樹蟾科涵蓋了超過八百種樹蛙，若要將如此眾多的物種分門別類將會是個大工程，許多分類學家正致力於此。根據 2005 年初發表樹蟾科（Hylidae，又名雨蛙科）最新的修正，此科底下分為三個亞科：樹蟾亞科（Hylinae）、澳雨蛙亞科（Pelodryadinae）、葉泡蛙亞科（Phyllomedusinae），最大的是樹蟾亞科，佔了全體將近四分之三的物種數。樹蟾亞科中耳熟能詳的物種包括美國綠樹蛙（*Hyla cinerea*）和古巴樹蛙（*Osteopilus septentrionalis*）。澳雨蛙亞科僅侷限分布在澳洲及周邊島嶼，其下只有雨濱蛙屬（*Litoria*），常見的寵物白氏樹蛙（*Litoria caerulea*）就是代表。葉泡蛙亞科底下的物種數是三個亞科中最少，但是卻擁有幾種寵物市場最熱門的樹蛙，包括紅眼樹蛙（*Agalychnis callidryas*）和蠟白猴樹蛙 (*Phyllomedusa sauvagii*)。

其他三個科，節蛙科（Arthroleptidae）、蘆葦蛙科（Hyperoliidae，

又名非洲樹蛙科）和樹蛙科（Rhacophoridae）也包含許多樹棲型蛙類，在寵物市場上統稱為樹蛙。主要特徵是加大的吸盤和樹棲的生活型態，雖然有些人不認同他們是真正的樹蛙，但他們充分符合樹蛙的描述，因此本書將一併收錄。節蛙科包含小黑蛙屬（*Leptopelis* species），在寵物市場上零星地出現，葦蛙科僅分布在非洲，包含嬌小、活動力強、常見的寵物蘆葦蛙（*Hyperolius* species），樹蛙科中最知名的物種就是樹蛙屬（*Rhacophorus* species）和鞭樹蛙（*Polypedates* species），兩者都是高度樹棲型物種，並常常被當作寵物飼養。

---

譯註：樹蟾科（Hylidae，又稱雨蛙科）和樹蛙科（Rhacophoridae）的物種通常都叫做某某樹蛙，容易搞混，但是在分類上是有差異的兩個類群，台灣常見的例如莫氏樹蛙、日本樹蛙、翡翠樹蛙等等都是屬於樹蛙科，本書中樹蛙科只出現在最後一章。

## 上手

大致上來說，樹蛙是種只能看不能摸的寵物，他們不喜歡與人類互

## 分類基礎

生物的分類採用二名法系統（Binomial），每個物種都用他分類的屬（Genus）命名，你可以把屬想像成是一個大鍋子，裡面裝著不同的物種，這些鍋子全部放在一個廚房裡面，也就是科（Family），廚房在房子裡面，房子就是目（Order），許多房子組成一個鄰里，也就是綱（Class），以此類推。某些時候有必要將物種的分類群再切割，因此一些分類群會再分為好幾個次分類群，例如亞科（Subfamily）。

紅眼樹蛙（Agalychnis callidryas）的分類如下：

界：動物界 Animalia　　　　　　門：脊索動物門 Chordata
亞門：脊椎動物亞門 Vertebrata　　綱：兩棲綱 Amphibia
目：無尾目 Anura　　　　　　　　科：樹蟾科 Hylidae
亞科：葉泡蛙亞科 Phyllomedusinae　屬：紅眼蛙屬 Agalychnis
種：紅眼樹蛙 callidryas

蘆葦蛙，例如圖中的大理石紋蘆葦蛙（Painted reed frog），不被視為真正的樹蛙，但是他們的習性與照顧方法都跟樹蛙很像。

動，並且把人類當作是威脅而非朋友，雖然有些種類能忍受偶爾觸摸，但其他種類最好是讓他們待在籠舍裡就好，如果你想要的寵物是可以上手互動的，那最好把目光朝向其他爬蟲類而非兩棲類。由於人類手上的油脂和鹽分會刺激他們敏感的皮膚，因此觸碰樹蛙可能對他們造成傷害，可以運用濕網子、杯子或其他容器來捕捉移動他們，如果不得已要用手抓，手必須先沾溼避免造成傷害。

## 何處購買樹蛙

樹蛙可以從多種管道入手，各有優缺點。

### 寵物店

寵物店是個相對方便的選擇，可以找到較普遍的物種，而在專門經營珍奇物種的店也可以找到更多種類。在寵物店購買的好處，不只是有近距離檢驗的機會，也可以順便觀察店內的環境，除此之外，寵物店也能在出現問題時提供就近的幫助，因此與知識豐富的店員打好關係多多益善。

### 兩爬貿易商

第二選項是直接向貿易商購買樹蛙，經營兩棲爬蟲的貿易商通常也是寵物店的上游廠商，可以在網路上或相關的寵物雜誌找到他們的資訊，貿易商開出的價錢通常比寵物店低上一截，同時選擇也更多元。但是別想得太美好，如果把運送成本也考慮進去，或許就沒那麼划算了。另外，有些貿易商可能不會提供只買了幾隻青蛙的人售後服務，因為他們主要還是與寵物店和其他貿易商進行大筆交易。如要大量購買，例如進行繁殖計畫時，找貿易商是最划算的選擇。

樹蛙新手應該從較強韌的物種入門，例如白氏樹蛙。

## 繁殖者

大部分的樹蛙是野外捕捉，但少數幾種已經有穩定的人工繁殖個體，繁殖者提供低價高品質的動物，和值得信賴的資訊，可以在網路上找到他們，也可以向在地的兩爬社團或協會打聽。但不幸的是，能夠穩定人工繁殖的物種屈指可數，因此要找到特定的樹蛙相當有難度。

## 爬蟲展

你也可在爬蟲展入手樹蛙，這種活動不只是讓你可以購買活體兩棲爬蟲、補充品，也是個與志同道合的人們交流的好機會，貿易商、繁殖者、甚至有時特殊寵物店都會來參加這類活動，將所有可能的樹蛙來源都集中在同個地方，許多大型爬蟲展也會舉辦一連串專題演講，介紹各種照顧技巧和經驗。可以在網路以及寵物雜誌上找到爬蟲展的廣告。

# 人工繁殖或野外捕捉

野外捕捉的樹蛙個體歷經舟車勞頓才來到賣家手上，而且通常不會受到好的照顧，壓力、細菌感染、寄生蟲問題和空間過度擁擠造成的擦傷，都是野外捕捉個體常見的健康問題。為了避免這些問題，可以嘗試尋找人工繁殖的樹蛙，當樹蛙在人工飼養環境出生時，整體健康狀況會好很多，因此是更好的選擇。

說起來簡單，但大部分樹蛙都沒有穩定的人工繁殖，仍然仰賴野外捕捉來供應寵物市場。當你入手一隻野外捕捉樹蛙後，仔細地檢查是否

## 學名

不要害怕學名，雖然它們乍看之下又臭又長而且很難發音，但是習慣之後就沒那麼困難，俗名不可信任，一個名字常常是好多種共用，舉例來說，*Hyla cinerea*（美國綠樹蛙）和 *Litoria caerulea*（白氏樹蛙）的俗名都是「綠樹蛙（Green tree frog）」，但兩種需要的照顧方法大相逕庭，使用學名可以避免混淆的狀況發生。

有潛在的健康問題極為重要，你也應該要知道樹蛙個體曾被飼養多長時間了，被飼養愈久的個體，通常比那些剛到寵物店或貿易商手上的個體不容易出現問題。

## 挑選一隻樹蛙

在挑選樹蛙時，會發現通常一群裡面會有其中幾隻狀況比較好，了解如何挑選一隻健康的樹蛙，可以讓你的寵物多陪伴你好幾年。

首先檢查樹蛙的居住環境，確認裡面是否有乾淨的水源，底材是否新鮮，沒有太舊或浸水，居住在不衛生條件下的樹蛙常常衍伸出健康問題，例如細菌感染，因此如果環境不衛生，那就考慮換個地方試試吧。另外，留意每個箱子裡的樹蛙數量，寵物店和貿易商常常用小空間大量囤積樹蛙，這麼做會對樹蛙造成壓力，因此避開那些過度擁擠的樹蛙。最後，觀察是否有其他兩棲爬蟲與樹蛙養在一起，如果樹蛙與其他物種同住，可能會暴露在外來的疾病和寄生蟲威脅下，成為潛在的問題。

一旦籠舍的基本檢查完成後，下一步就是檢視樹蛙個體，一隻健康的樹蛙在白天時喜歡睡覺，除非有食物或是他們被打擾，大部分種類會停棲在離地較高的位置，而非坐在地上，確保樹蛙體重良好，看起來不要過瘦，大部分樹蛙攀在玻璃上睡覺時會呈現圓圓飽滿的狀態，近距離觀察眼睛，不要購買眼睛霧濛濛或是看起來呆滯的樹蛙，安全起見，避開那些與身上有傷口，或看起來不健康的樹蛙住在同一個籠舍的樹蛙。

不要有必須幫樹蛙找個伴的想法，樹蛙在人工環境下不需要陪伴，
並且可以獨自過得很好。

## 帶樹蛙回家

運送樹蛙時，確保他沒有暴露在極端溫度或其他有害的條件下，
販售兩棲類時最常使用通風塑膠杯，但有時也會使用塑膠袋，在杯子或
袋子裡放入沾溼的紙巾或水苔。杯子或袋子裡的氣溫變化快速，因此需
要與外界隔絕以保護裡面的樹蛙，氣溫溫和的日子，紙袋就能夠用來絕
緣，但是在很熱或很冷的天氣最好是採用保溫袋。

### 隔離檢疫

新樹蛙初來乍到的頭一兩個月，必須先住在簡單、衛生的環境設
置，檢疫期間讓你可以快速發現正在發展中的問題，並防止傳染給其他
動物。這段期間，請克制你觸摸樹蛙的衝動，或是單純為了觀賞而叫醒
他們，這種行為會造成壓力，如果壓力過大會導致免疫系統衰弱形成健
康問題。檢疫期間可以先與在地有兩棲類經驗的獸醫建立聯繫，以防任
何疾病發生，也可以考慮攜帶糞便樣本給獸醫檢驗內寄生蟲，通常當樹
蛙還在寵物店或貿易商手上時會有大量寄生蟲。

第二章

# 居住

雖然對初學者來說有點困擾，但是打造一個正確的棲地環境是照顧樹蛙的基本要件，而且隨著經驗累積你會發覺其樂趣所在。你需要有適當的籠箱、底材、水源、家具、溫度和濕度才有辦法飼養樹蛙，在網路瀏覽或是去寵物店看看，會發現到各種不同的飼養方式，我的建議是照單全收，並多方嘗試，最後找出何種方式最適合你和你的青蛙。

樹蛙們棲息在各種環境，不是所有種類都能用同樣的方式照顧，因此須事先調查，你要養的樹蛙需要怎樣的環境，再著手建造籠舍。

## 籠舍

樹蛙白天時死氣沉沉，但到了夜晚會醒來開始活動，他們是活動力最強的兩棲類之一，需要有充裕的空間四處蹓躂，他們強壯的後肢可以長距離跳躍，因此必須提供他們足夠的水平空間和用來攀爬的垂直空間，讓籠舍易於清潔整理也相當重要，因為難以清潔的籠舍往往容易被人疏忽。

### 玻璃水族箱

飼養樹蛙最常見的籠舍型式是玻璃水族箱，大多數的寵物店都可以取得，形狀和大小五花八門，六邊形和「高」型水族箱由於能提供大量垂直空間，比較適合樹蛙，空氣不流通對樹蛙會造成不良影響，因此以紗網當作蓋子比較妥當。

除了一般的水族箱，也可以選擇專為兩棲爬蟲設計的玻璃或壓克力箱子，這種附帶鉸鍊或是滑動式前門，讓人方便伸手進去，兩棲爬蟲專用箱通常也在側邊設計有通風孔幫助空氣循環，以上兩個特點都相當實用，這種箱子可以在爬蟲展或兩爬專門店找到，雖然比普通水族箱花費更高，但是值得。

你可以自行建造你的前開式籠舍，只要簡單改造現成的玻璃水族箱，將水族箱立起來垂直放置，就得到高度了，接著製作一塊擋板，用水族箱專用矽利康膠黏在底部（原先的開口），擋住底材，最後在擋板上方安裝門，通常為了通風會使用框架和紗網作為材料，一樣用矽利康膠固定並加上鉸鍊，再裝上門栓就大功告成了。

### 塑膠整理箱

　　大型塑膠整理箱是另一個選擇，用來養樹蛙非常實用，只是在成為永久居所之前還需要一些輕度改造。通風是首要問題，但是可以藉由在側面和頂蓋鑽數個小洞輕鬆解決，或是鑽個直徑幾吋的大洞，再用紗網覆蓋避免脫逃。使用塑膠整理箱有兩個好處，便宜又輕便，由於他們不像玻璃水族箱或爬蟲箱那麼重，因此可以輕鬆地拿去徹底沖洗乾淨，美中不足的是，用來製作整理箱的塑膠非常難看。

為了增加垂直空間可以將水族箱直立擺放，並修改開口處，變成可以堆放底材的空間。

### 網籠

　　網籠也可以用來飼養某些樹蛙，對於通風需求高或是常常跳躍一頭撞上玻璃的樹蛙很好用，利用防刮傷紗網來避免受傷，網籠由軟質網狀纖維製作，特別針對兩棲爬蟲設計，比用普通紗窗製作的籠箱好很多。特別提醒，蟋蟀和其他飼料昆蟲有能力把紗網咬穿，如果要使用網籠，就要減少餵食量，確保樹蛙快速吃完所有昆蟲，避免讓他們有逃逸的機會。

### 客製化籠舍

　　你可能會想自己打造一個籠舍來容納特大型的樹蛙，請玻璃行切割所需的大小，再用水族箱專用矽利康膠黏合，比較簡單的方法是用現成的家具來製作，淋浴間門、大型玻璃櫃或其他家具都能用來改造，用玻璃、壓克力或紗門安裝在原先的開口上，用矽利康膠填塞玻璃間的夾角縫隙，邊角使用對兩棲類無害的防水環氧樹脂包覆。自行打造籠舍時，避免使用質地粗糙或是化學處理過的材料，因為可能有安全疑慮。

# 底材

底材是指鋪在籠舍底部的材料，好的底材可以留住水氣、易於清理、被樹蛙誤食也不會有危險。

### 簡易的人工底材

**廚房紙巾**　廚房紙巾是最實用又方便取得的底材之一，將紙巾鋪在籠舍底部並輕微沾濕，就成為便宜又方便整理的簡單底材。

但是有得必有失，廚房紙巾必須要時常更換避免細菌孳生，大概每天更換一次，因此盡量在容易清理的簡易籠舍使用廚房紙巾，廚房紙巾最適合做為最初隔離檢疫時用的底材。

**橡膠泡棉**　裝潢橡膠泡棉也是種簡單好用的底材，而且又容易清潔，這種材料可能可以在布料行找到，做為緩衝或減震用途，有許多不同厚度可以選擇；我偏好使用半英吋至英吋（1.3 至 2.5 公分）厚的材料。將橡膠泡棉切割好放進籠舍底部並沾濕，如果髒掉了可以直接用水洗，在泡棉上挖洞，放進水盆、棲木和其他家具，如此一來就可以將他們穩穩地固定在籠舍裡。

**裸缸**　最簡單的底材就是沒有底材，裸缸易於清潔，尤其是加裝排水孔之後，

沾濕的廚房紙巾是簡單又便宜的底材，適合許多種樹蛙，例如墨西哥葉蛙（Mexican leaf frog）。

但並不是所有物種都適用裸缸，堅硬的底部會讓樹蛙在撲向獵物時撞傷，除此之外，裸缸沒有底材可以保水，因此也更難維持正確的濕度。

**爬蟲地毯** 爬蟲地毯或室內／室外地毯常常被視為樹蛙的良好底材，但我對此持反對意見，大部分地毯

**水垢去除**

若要去除舊水族箱的水垢可以使用白醋，將玻璃浸泡白醋，再用刀片將礦物質刮除。但硬水與玻璃長時間接觸產生的頑強水垢，很遺憾的，沒有辦法清除。

質地粗糙，容易刮傷樹蛙，不具有保濕功能，且必須經常清理，比起前述幾個簡易底材要花費更多時間。

## 天然底材

**椰纖土** 椰纖土是最受歡迎的樹蛙底材之一，這種材料是用稱為 coir（椰子殼纖維）的絲狀纖維製成，將其磨碎成土壤狀，脫水後包裝成乾燥磚塊，當泡進水裡時，磚塊會膨脹成原來的數倍大，變成鬆軟的纖維，這種狀態很類似潮濕的土壤。磨碎的椰纖土保水能力良好，而且被樹蛙誤食也不會造成危險，而且材料來源是處理椰子過程的副產品，相對較環保。椰纖土也能讓籠舍更加美觀、接近自然狀態，而且支撐性良好，讓籠舍免於淹水危機。可以在大多數的寵物店購得。

有個好方式可以測試椰纖土或土壤的溼度，用手擠壓，如果擠壓後它彈回原狀，那就代表濕度剛好；如果有水擠出來，那就代表對大多數的樹蛙來說都太溼了。

**土** 園藝中心和苗圃可以取得很多種土壤，但並不是每一種都適合用來養樹蛙，表土價格便宜，也適用於樹蛙，但是要避免含有肥料、大顆石頭、黏土或沙子在裡面。避免使用培養土，因為裡面通常含有會刺激樹

蛙的珍珠石，有些培養土也含有肥料或其他化學成分，可能對兩棲類造成傷害。泥炭土是另一種類土壤的產品，可以在園藝店找到，既便宜又有良好保水能力，許多人會將泥炭土與其他材料混合成為特製土壤，只可惜泥炭土的採集方式會損害沼澤（bog），而沼澤在生態系統中扮演非常重要的角色，比起來椰纖土的生產過程較為永續環保，是更好的選擇。

**水苔** 水苔可以說是樹蛙底材的最佳選擇，去園藝店尋找高品質的長纖維水苔，這種水苔吸水力極強，因此非常適合作為底材。使用時只要將其泡水，擰乾後保持些微潮濕狀態，就可以鋪在籠舍底部，再加壓使其成為平坦、海綿狀的一層底材。不要將水苔（sphagnum moss）與寵物店賣的綠色莫絲（green moss）搞混，莫絲可以當作裝飾以及提高小面積的濕度，但是不應該將它當作底材。

**樹皮屑** 有些人或許會推薦使用樹皮屑作為底材，但是以下有幾個不適合的原因，最主要的考量是當樹皮屑被樹蛙誤食時，很容易造成傷害，因此冷杉、松木及其他能夠塞進樹蛙嘴巴大小的樹皮屑，都不應該使用，而且要避開用雪松（cedar）和松樹（pine）製成的樹皮屑，因為他們所含的樹脂會刺激兩棲類。唯一可以當作樹蛙底材的是柏樹（cypress）製成的木屑，有良好的保水能力而且大致上對樹蛙無害，但不幸的是，柏樹木屑的製作方法是將年輕柏樹切成碎塊，最終導致濕地被破壞，濕地是野生兩棲類重要的家園，綜合以上原因，其他底材將會是比較好的選擇。

**碎石** 許多年來，人們經常使用

大部分樹蛙都能用水苔當底材養得很好，圖中是古巴樹蛙。

碎石作為樹蛙底材，碎石或許用在某些水生兩棲類效果很好，但是當它被樹蛙誤食時可以輕易對樹蛙造成傷害，因此不要使用碎石當作的底材，相反地你可以使用樹蛙無法吃下的大顆卵石。切勿使用帶有銳利邊角或是粗糙表面的石頭，會對兩棲類細緻的皮膚造成傷害。

## 水源

　　兩棲類不像人類一樣需要喝水，相反地，他們是用具通透性的皮膚來吸收水分，因此提供一個讓他們能浸泡的水盆極為重要。簡易的水盆包括塑膠杯或陶瓷碗，容器光滑的表面易於清潔而且可以快速更換乾淨的水，雖然它們不怎麼好看，而且會在自然型籠舍裡顯得突兀，因此你有另一個選擇，去寵物店購買專為兩棲爬蟲設計的石頭、樹木造型的水盆。

　　維持高品質水源是把樹蛙養好的基本工作，樹蛙會在晚上泡水，因此養成習慣每天早上換水。不要直接使用水龍頭的水，應該要用將氯、氯胺、重金屬中和過濾之後的水，另一個選項是瓶裝礦泉水，注意不是瓶裝「飲用水」，因為飲用水通常和自來水一樣含有氯。有些人也為自己的寵物製作水，使用蒸餾或是逆滲透水，所謂逆滲透水是利用只有水分子可以通過的薄膜過濾，得到幾乎和蒸餾水一樣的純水，再加入適量的鹽和其他微量元素，就可以調配出樹蛙專用安全好水。

## 家具布置

　　大部分的樹蛙至少需要有幾根用來攀爬的樹枝，漂流木是個不

## 旱蛙子

樹蛙腳上的吸盤很適合用來爬樹，但拿來游泳就不怎麼管用了，在水盆裡放一個稍微傾斜的石頭，讓樹蛙比較容易進出。

錯的選擇，寵物店也能買到對水族無害認證的樹枝。樹皮是另一種可以創造攀爬空間的工具，在寵物店或園藝店可以買到平坦狀、管狀和管狀切半的樹皮，平坦狀可以水平放置當作分層的功能，必要時可以用矽利康膠固定，管狀樹皮尤其好用，可以模擬樹蛙在樹上的躲藏處。如果是簡易型籠舍，你可以使用塑膠棲木來代替，將細的塑膠水管切割成適當大小，水平放置，或是更大管徑的水管可以直接讓他斜躺在角落，同時當作棲木和躲藏點，人造藤蔓和樹枝能夠創造攀爬區域，可以在寵物店的爬蟲部門找到。

塑膠植物可以創造讓樹蛙安心躲藏的區域，許多種類的樹蛙白天時喜歡躲在藤蔓簾幕後面睡覺，常見的紅眼樹蛙，在人工環境下喜歡在大片葉子上休息。其他裝飾用的小塑膠植物可以讓籠舍看起來更吸引人，但是要確保植物上沒有銳利的邊緣。

活體植物是另一個選擇，只是必須提供他們光源，活體植物可以種在花盆裡或是直接種在底材上，挑選較強韌的物種，並且要能支撐樹蛙的重量。先花幾週的時間在籠舍外培養植物，讓肥料和其他化學成分分解。參考本章關於植物的表格，內有建議種植在籠舍內的植物。

## 清潔維護

維持環境清潔對於飼養樹蛙非常重要，每日進行重點清潔，移除底材中的糞便和死掉的飼料昆蟲，每週用濕紙巾擦拭前門保持良好透明度，偶爾進行全面性清潔，更換底材並用熱水沖洗籠舍和家具，如果是比較擁擠的小型籠舍，可能需要每週一次大掃除，較大且蛙口稀少的籠舍則可以拉長大掃除的時間間隔，如果有常常重點清潔，甚至可以幾個月再大掃除一次。切勿使用肥皂或家用清潔劑，如果殘留可能會傷害樹蛙。

## 溫度與加溫設備

不同種類的樹蛙溫度需求也不盡相同，有些在溫度降至約 40°F（4.4°C）時仍能維持健康活躍，而其他種類則必須在籠舍裡有個區塊超過 90°F（32°C）才行。大部分人工飼養的樹蛙適合的溫度大約介於 70°F（21°C）和 85°F（29°C）之間，但是仍須仔細研究你養的樹蛙適合什麼溫度。

蛙如其名，樹蛙需要有個攀爬的樹枝，這是一隻白氏樹蛙。

利用精確的溫度計來測量溫度，帶有外部探針的數位式溫度計最理想，可以在五金行購得，吸在缸壁上的塑膠溫度計效果也不錯，避免使用專為水族設計的吸附式溫度計，因為它測量的是玻璃的溫度而非籠舍內的氣溫。

有各式各樣的加溫方式任你挑選，我個人偏好使用白熾燈泡，寵物店會販售形形色色的燈泡，但重點不在於燈泡的種類，而是它的強度，瓦數愈高的燈泡加熱能力愈強，可能需要多嘗試幾次才知道適合的燈泡瓦數，但大部分的情況，只需要小瓦數燈泡就足以應付。入夜後，改成使用紅外線燈泡或是那種用黑玻璃做的燈泡，如此一來就不會干擾到樹蛙，除了提供熱源之外，紅外線和黑玻璃燈泡（非黑燈管）可以讓你在樹蛙最活躍的夜晚觀察他。

有些人採用爬蟲加熱墊來加溫樹蛙籠舍，我發現加溫墊用在自然型籠舍效果很好，因為天然底材具有增強散發熱能的功效，避免使用加熱石或其他為爬蟲類設計不安全的加熱設備。

## 濕度

樹蛙需要的濕度通常比一般家裡更高，若要提高濕度有幾種方式，最有效的方法是用噴霧瓶每天噴濕籠舍。可以封住一部份的通風口和紗網留存水氣，雖然高濕度對於某些種類來說很重要，但良好的通風同樣關鍵，因此很難在限制通風性和良好空氣循環間找到平衡點，比起潮濕不通風的環境，通風良好但稍微乾燥的籠舍反而比較適合樹蛙。

如果你發現難以維持籠舍內正確的溼度，試試看更換較能保水的底材，椰纖土和水苔都是優良的保水材料，因此適合用來飼養濕度需求高的物種。經營爬蟲的寵物店可以找到專用的濕度計。

## 光照

大部分樹蛙除了加熱用白熾燈泡和房間內的間接光源（模擬日夜變換）之外，不需要額外的光源，雖然省去很多麻煩，但是卻讓整個籠舍昏暗且不怎麼吸引人，為了讓籠舍看起來更漂亮些，你可以安裝橫跨式的日光燈，有了燈之後還可以加入活體植物，利用定時器來控制每日開燈時間，大約在十到十二小時之間較恰當。

對許多日行性爬蟲類來說，需要照射特殊波段的紫外線 UVB 來促進鈣質吸收，有些人提倡 UVB 對樹蛙來說同樣有益，尤其是那些習慣每

天長時間暴露在陽光下的物種，雖然已經證實了人工飼養的樹蛙就算沒有使用 UVB 燈泡，仍然可以活得長久，但還是有許多人堅持為樹蛙照射 UVB，有人認為 UVB 有助於飼養高難度物種。如果你決定使用 UVB 燈泡，由於玻璃和塑膠會過濾掉紫外光，因此將燈泡擺放在紗網上方，同時也要確保籠舍內有遮蔽物，才可以讓樹蛙們在不想照光時躲起來。

## 生態缸

　　過去數十年來，飼養兩棲爬蟲的族群大幅成長，在這樣的趨勢下，人們利用活體植物和有益的微生物幫助分解廢物，設計出精巧的自然系統，也減少需要清潔籠舍的次數。一個好的飼養環境需要謹慎的研究和規劃，但是看到樹蛙住進你精心打造的環境後，一切的辛苦都值得了，就像把大自然的美麗濃縮放進家裡一樣。

　　不過並不是所有樹蛙都適合被飼養在這樣的環境，體型大的樹蛙就不太適合，因為他們太髒，而且飼養箱裡生長的小型植物無法負荷他們的體重，適合的對象是那些來自熱帶或潮濕地區的小型樹蛙，不會造成植物的災難。

### 設計環境

　　打造樹蛙棲地的第一步，要先選定底材，底材同時有承載排泄物和作為植物生長介質的功能，我喜歡使用大部分以椰纖土為主，混合磨碎的水苔和冷杉樹皮，有時再加上從安全場所蒐集來的落葉（通常是橡樹或木蘭樹葉）。也有人開發出混合不同材料的土壤，例如沙子、椰子殼、樹蕨纖維或是水苔，這些土壤材料都能在園藝店找到，網路上也找得到特製用途的混合土壤。

不要使用培養土當作底材，培養土很快就崩解了，而且內含的珍珠石會刺激樹蛙的皮膚，如果要防止底土被樹蛙誤食，在底土上放置一層乾燥樹葉會很有幫助，但是樹葉必須要從確定沒有殺蟲劑或肥料的地方收集來。

要確保底材維持良好排水性，否則植物將容易爛掉，將底土稍微抬升，多餘的水就可以從底部排出，其中一個方法是在底土下方鋪設一層排水材料，最廣泛使用的是碎石，在碎石上方放置玻璃纖維紗網防止土壤與碎石混合在一起，另一種受歡迎的材料是發泡煉石（lightweight expanded clay aggregate），可以在水耕栽培相關供應商取得，外觀棕色卵圓形，簡稱 LECA，發泡煉石的好處是比卵石輕很多。

另一種加強排水性的方法是設計一個假底部，將塑

作者設置的蘆葦蛙生態缸。

膠網架、底部過濾板或其他有打洞的塑膠材料，放置在腳架（通常是一截短短的 PVC 水管）上，就可以抬升整個底部，接著在打洞材料上放置一層玻璃纖維紗網，就可以鋪上底土了，如此一來水就會流過土壤下到假底部，防止底土淹水。

塑膠網架做成的假底部可以增加生態缸的排水性能。

　　先將環境設置妥當運行幾週，讓植物生長茁壯一點，最後才讓樹蛙住進新家。

**背景**　比起建造環境，你或許會更想要在籠舍裡加入一些自然元素背景，樹皮片效果良好而且可以很容易用矽利康膠固定在玻璃上，用水苔或樹皮屑填滿後面的縫隙，防止飼料昆蟲躲在裡面。蛇木板是另一個不錯的背景材料，可以在蘭花供應商或園藝行找到，蛇木板可以承受高濕度，而且呈現深色、自然的色調，但是製作方式不環保，所以在購買前要注意來源。

　　椰子纖維墊是另一種常用的背景材料，與椰纖土的原料相同，但是與將椰子纖維磨碎後製成的椰纖土不同，椰子纖維墊是用椰子纖維織在一起，再黏合成一塊墊子，價格便宜，可以在園藝店和造景供應商購得。

**植物**　活體植物是整個生態缸的靈魂，他們可以讓籠舍的質感提升好幾個檔次，而且不僅是美觀而已，樹蛙的排泄物也可以成為他們的肥料。適合種在樹蛙籠舍內的植物可以在園藝行購得，雖然許多最適合的物種只能向專門的貿易商取得。避免帶刺或有銳利的莖或葉的植物，原因就不贅述了，另外也要注意別讓植物長出籠舍外，許多園藝店販售常見的室內植物生長非常快速，就算經常修剪還是會迅速佔滿整個籠舍。從園藝行購買植物回來後，不要急著放進去，先在水龍頭下清洗乾淨，重新移植到新盆子然後讓他在籠舍外生長一段時間，讓肥料、葉面亮光劑或其他化學物質消散分解，如果是從專門造景用植物供應商購得的植物，通常不會帶有有害的化學物質，可以直接放進籠舍。

樹蛙本身不需要任何特殊照明，但是植物需要，使用一般的日光燈泡就足以應付大部分的植物，若有兩到三個效果更佳，我個人偏好使用色溫介於 5000K 至 6500K 之間的日光燈泡，可以產生非常自然的白光，特殊植物燈光或「生長燈泡」也是選項，但是會散發出不自然的紫色，最好是可以跟普通日光燈結合產生較自然的色溫，省電燈泡是另一種替代方案，可以消耗較低電力產生較強的光，但是比較貴是真的，而且必須每年更換。

## 維護

雖然大多數排泄物會被籠舍裡的細菌和其他生物分解，但仍有工作必須完成，定期重點整理籠箱裡的糞便和落葉，保持系統的活性，用濕紙巾和刮鬍刀片來完成工作，並且避免使用任何化學清潔劑，死亡的飼料昆蟲是另一種形式的廢物，注意到就要移除掉。底土會需要偶爾部分更換，但是沒必要全部更換，除非整個淹水腐壞掉。底材泡水時可以使用虹吸管移除裡面的水，防止水位上升浸濕底土。籠舍裡的植物也需要定期修剪，避免其中一種過度生長，遮住其他植物的光線，最後佔據整個環境。

另一個增加排水性的方法是用發泡煉石，比卵石輕很多。

## 適合種在樹蛙缸裡的植物

| 學名 | 俗名 | 說明 |
|---|---|---|
| *Aglaonema sp.* | 粗肋草 | 會長出小型的籠舍外面 |
| *Alocasia sp* | 姑婆芋 | 漂亮的葉子，很容易長出小型的籠舍外面 |
| *Anthurium sp.* | 火鶴 | 有許多種類，大部分會長很大 |
| *Calathea sp.* | 肖竹芋 | 葉片能夠支撐樹蛙的重量，非常堅韌 |
| *Cryptanthus sp.* | 小鳳梨 | 需要排水良好的土壤 |
| *Ficus pumilia* | 薜荔 | 生長快速的爬藤，需要高濕度 |
| *Fittonia sp.* | 網紋草 | 可能會被大型樹蛙踩扁 |
| *Geogenanthus undatus* | 銀波草 | 葉片強壯，可以支撐小型樹蛙 |
| *Guzmania sp.* | 擎天鳳梨 | 需要排水良好的土壤，或是附生栽培 |
| *Maranta sp.* | 竹芋 | 喜歡高濕度 |
| *Neoregelia sp.* | 五彩鳳梨 | 需要排水良好的土壤，或是附生栽培 |
| *Pellionia pulchra* | 噴煙花、垂緞草 | 漂亮、生長快速的植物 |
| *Pilea sp.* | 冷水花 | 可能會被大型樹蛙踩扁，生長速度極快 |
| *Philodendron sp.* | 蔓綠絨 | 超讚的生態缸植物，有很多種類任君挑選 |
| *Sansevieria trifasciata* | 虎尾蘭 | 需要排水良好的土壤，強壯的垂直葉片是良好的棲木 |
| *Scindapsus aureus* | 黃金葛 | 生長快速又強韌的植物，需要經常修剪才放得進生態缸裡，低光源下葉子會呈現深綠色，若環境亮度足夠會變成亮綠色 |
| *Scindapsus pictus* | 星點藤 | 漂亮的葉子，生長速度比黃金葛慢很多，每兩個月施予磷肥，種植在鹼性土壤，需要高亮度 |
| *Spathiphyllum sp.* | 白鶴芋 | 會長出小型的籠舍外面，適合雨屋 |
| *Syngonium podophyllum* | 合果芋 | 非常強韌，長得很快 |
| *Tradescantia fluminensis* | 紫葉水竹草 | 可能會被大型樹蛙踩扁 |
| *Vriesea sp.* | 鶯歌鳳梨 | 需要排水良好的土壤，或是附生栽培 |

# 第三章

# 餵食

飼 養樹蛙最有樂趣的事情就是看他們吃東西，最緊張刺激的時刻就是當樹蛙準備撲向他的食物那瞬間，真是百看不膩，尤其是許多種類獵捕大餐的精準度，更是令人讚嘆，他們狼吞虎嚥的樣子是許多人決定飼養樹蛙的原因，而了解他們的飲食需求是成功飼養樹蛙的關鍵。

## 餵食

　　幾乎所有樹蛙都需要活體食物，獵物的移動會觸發兩棲類的進食反應，因此不需要事先殺死食物，有些樹蛙可以接受鑷子上的冷凍乾燥昆蟲，但是對大部分樹蛙來說活體食物仍是必須，夜晚餵食比較恰當，因為夜晚正是樹蛙活躍和獵食的時段，雖然很多物種也能適應在白天進食。

　　餵食樹蛙的頻率取決於好幾個因素，例如樹蛙的年齡、食物的類型、餵食的量和所飼養的樹蛙種類。

　　幼年樹蛙每天餵食一至兩次，成長最快速，較老的成體樹蛙通常只需要每三到五天餵食一次，成體樹蛙若餵食太頻繁很容易造成肥胖，是人工飼養樹蛙常見的健康問題，樹蛙依靠本能獵捕食物，就算已經飽了也不會停下來，因此雖然他們會欣然接受大量食物，但是最好減少餵食頻率避免過胖。

　　多樣化飲食是成功的關鍵，沒有一種食物可以完全滿足樹蛙的營養需求，蟋蟀可以當作他們的主食，但是每幾次應該就要替換一下食物，每隻樹蛙通常需要每次餵食三到八隻蟋蟀，但還是得依照個體的需求調整。為了增加多樣性，每幾次餵食就要更換食物種類，如果餵食的幾個小時後，發現沒吃完的飼料昆蟲在籠舍裡遊蕩，很可能就是餵食過量了。

圖中的虎紋猴樹蛙擁有大眼睛，讓他們能在夜晚追蹤獵物的行動。

　　不僅要為你的樹蛙準備優良的餐點，食物的食物也同等重要，飼料昆蟲到達你手上之前經常是飢餓狀態或是只能吃些沒有營養的東西，為了解決這樣的問題，在將他們餵食給樹蛙之前，先花幾天的時間餵飽他們，這段期間提供他們充足的食物，以增加卡路里和提升營養價值，每種飼料昆蟲需要的食物種類不盡相同，本章節後面會有更詳細的介紹。

## 營養補充品

若要了解兩棲類的營養需求將會相當複雜，而且尚存在許多未知，由於我們不可能提供人工飼養樹蛙與野外樹蛙相同多樣化的昆蟲，因此為了彌補這點，就必須提供營養補充品。

維持樹蛙健康還有防止營養不足需要兩種不同的補充品，一種是鈣質加上維他命 D3；另一種則是綜合維他命，這兩種一般都是粉末狀，用來在餵食前包裹於食物上，也就是將食物沾粉。寵物店販售許多不同牌子的補充品，但是品質良莠不齊，選擇包裝上標註有效日期的產品，通常比沒有標註的品質較好。

遺憾的是，我們不可能得知究竟有多少補充品被樹蛙消化吸收，因為我們無法在樹蛙進食的時候，測量飼料昆蟲上附著的粉末量。

附帶一提，飼料昆蟲會自我清潔，也就是在被吃掉之前會移除一部份的補充品，這會造成補充品沒辦法全數轉移給樹蛙，導致難以判斷到底該給予多少補充品，針對幼體樹蛙我喜歡每次餵食交替使用鈣粉和維他命，偶爾兩者都不使用，當每次餵食都使用時，食物只要沾上少許即可，成體樹蛙可以不用這麼頻繁給予補充品，大約每三到四次補充一次就足夠。

## 蟋蟀

蟋蟀是最常用來作為樹蛙飼料的昆蟲，可以在寵物店少量購買或是向蟋蟀繁殖者大量採購，大部分寵物店將蟋蟀依體型分成小、中、大販售，餵給樹蛙大約頭部寬度的蟋蟀。蟋蟀容易飼養，而且若有好好餵食

## 腸道裝載

將含有豐富維他命和鈣質的食物餵食給飼料昆蟲，讓營養轉移到吃掉昆蟲的動物身上，稱為腸道裝載（Gut loading），寵物店可以購得許多現成的腸道裝載用飼料，但有時容易造成昆蟲高死亡率，因此只在必要時使用腸道裝載飼料，並且在幾個小時內就餵給樹蛙吃。

並沾附正確的維他命和礦物質，他們相對其他昆蟲較營養，是作為樹蛙主食的不二蟲選。

少量蟋蟀可以被飼養在水族箱或是塑膠盒裡面，若數量較多則可以養在其他容器，例如塑膠整理箱或垃圾桶。蟋蟀適合超過 70°F（21°C）的溫暖環境，必須要有新鮮食物和水源供給，他們很容易在水盆裡溺死，因此改用濕海綿來提供水分，更好的方法是給予新鮮蔬菜水果作為唯一的水分來源，強迫蟋蟀攝取這些含有豐富維他命的食物，柳橙、蘋果、地瓜、根莖類、紅蘿蔔、南瓜、葡萄還有深綠或紅色萵苣，都可以用來提供水分和營養，切成片狀放在小盤子裡給蟋蟀吃（方便清理）。除了蔬菜和水果，蟋蟀也必須吃乾糧，寵物店可以買到專用的蟋蟀飼料，或是也可以用薄片魚飼料、乾燥狗飼料、嬰兒米粉或是燕麥代替，食物必須要每隔一天更換，或是更頻繁。

提供蟋蟀給你的青蛙之前，先用營養的食物，例如熱帶魚薄片飼料，將他們餵飽。

## 蠕蟲

除了蟋蟀之外，還有其他常見的飼料昆蟲，我稱呼他們為「蠕蟲（worms）」，包括有麵包蟲、麥皮蟲、蠟蟲和蠶寶寶等，這些並不是真正的環節動物（例如蚯蚓），而是特定昆蟲的幼蟲型態，蟲蟲要裝在小盤子裡提供給樹蛙食用，避免他們到處亂爬或躲進底材裡，並且盡量在夜晚餵食，這樣蟲蟲才會立即被吃掉。

### 變質的補充品

每六個月就要更換補充品，因為裡面的維他命暴露在空氣中會隨時間分解，冰箱對於延長補充品的新鮮度沒什麼作用。

麵包蟲

麵包蟲是擬步行蟲（*Tenebrio sp.*）的幼蟲階段，在寵物店和活餌店都可以找得到，用麥麩、麵粉或燕麥飼養即可，搭配地瓜切片或其他蔬菜提供水分，養在冰箱裡可以阻止他們化蛹變成成蟲。每次餵食麵包蟲須間隔一段時間，因為他們富含大量脂肪，而且堅硬的外骨骼對某些樹蛙來說難以消化。

蠶寶寶是種富含營養的飼料昆蟲。

麥皮蟲

麥皮蟲或稱大麥蟲，是另一種甲蟲的幼蟲，歸類於大麥蟲屬（*Zophobas*），由於牠們體型碩大，因此很適合當作大型樹蛙的點心，跟麵包蟲一樣，麥皮蟲具有堅硬的外骨骼以及富含大量脂肪，因此須注意不可太過頻繁使用。室溫飼養即可，其餘方法與麵包蟲皆相同。

蠟蟲

大蠟蛾的幼蟲（*Galleria mellonella*），通常稱作蠟蟲，在寵物店和活餌店都很容易取得，他們缺乏麵包蟲和麥皮蟲的堅硬外骨骼，對樹蛙來說比較容易消化，蠟蟲同樣富含大量脂肪，因此只可偶爾餵食給樹蛙，避免產生肥胖或其他健康問題。將蠟蟲儲存在冰箱裡可以延長他們的幼蟲期，或是裝在通風的容器，放置在屋內溫暖的區域，讓他們變態成成蟲，你的樹蛙就有會飛的點心可以吃。

其他蠕蟲

近幾年來，許多其他的蛾類、果蠅和甲蟲幼蟲已經愈來愈普遍，蠶寶寶、蕃茄角蟲（tomato horn worm）、奶油蟲（butter worm）和鳳凰蟲（phoenix worm）也都能在專門的飼料昆蟲店購得，尤其蠶寶寶是一種極具營養價值的食物，可以用來定期餵食，但價格比起其他飼料昆蟲還是較昂貴。

真正的蠕蟲，例如紅蚯蚓（earthworms）和普通蚯蚓（night crawlers），也是一種可用的食材，紅蚯蚓必須被養在泥土裡，提供切片的蔬菜或開始腐爛的葉子，把他們安置在較涼爽的地方，大約是 40°F（4°C）到 60°F（16°C）之間，普通蚯蚓則需要更冷一點的環境，理想狀況是 35°F（2°C）到 40°F（4°C）之間，大隻的蚯蚓對大部分樹蛙來說難以下嚥，因此可以把他們切成小段再餵食，樹蛙會把正在蠕動的蚯蚓片段看作食物。

## 蟑螂

為數眾多的蟑螂種類最近開始在養蛙人之間愈來愈流行，而且也證明了蟑螂容易培育同時又營養，大眾對蟑螂的負面印象讓許多人避之唯恐不及，但是有一點你必須知道，在地球上幾千種的蟑螂種類裡面，只有數十種是我們熟知的家庭害蟲，藉由選擇那些不會飛的或是無法攀爬玻璃表面的物種，就有辦法與他們住在同一個屋簷下，不必擔心他會脫逃並佔據你家，此外，常見被用作飼料的蟑螂種類通常來自熱帶地區，需要高濕度和溫暖的環境才能存活和繁殖；一般家裡不會有這樣的環境，必須要人工創造。

灰色蟑螂（lobster roach, *Nauphoeta cinerea*）、櫻桃紅蟑（Turkistan roach, *Blatta lateralis*）、偽死人頭蟑螂（discoid roach, *Blaberus discoidalis*）和杜比亞蟑螂（Guyana orange-spotted roach, *Blaptica dubia*）是四種常見的飼料蟑螂，灰色蟑螂和櫻桃紅蟑是小型蟑螂，成體大約 1 英吋（2.5 公分）長，偽死人頭蟑螂和杜比亞蟑螂會長比較大，

有時可達 2 英吋（5 公分），假如建立起一個夠大的蟑螂聚落，幼體可以供給較小的樹蛙，成體則可以提供給大型的樹蛙。以上四種蟑螂皆

許多種類的蟑螂都能買的到，這些是古巴綠蟑螂（Cuban green roach）。

無法飛行，但仍需注意灰色蟑螂有攀爬能力，因此還是得確保有完善防護措施，以避免其脫逃。

　　要養蟑螂可以用玻璃水族箱或塑膠整理箱，在頂部鑽孔通風，大部分人會用椰纖土、水苔或木屑當作底材，但也有人完全不用底材，樹皮或瓦楞紙板可以當作攀爬區域和遮蔽物，蟑螂需要溫暖的溫度才能存活，將溫度維持在 78°F 至 95°F（26°C 至 35°C）之間，若有加溫需求可以用爬蟲加熱墊黏在盒子外側。

　　蟑螂是種營養的飼料昆蟲，他們是雜食性，幾乎所有東西都能吃，因此可說是隨便養隨便大，健康的蟑螂餐應該要包含新鮮蔬菜水果，像是柳橙、蘋果、地瓜、根莖類、紅蘿蔔、葡萄和蘿蔓萵苣，除了蔬菜水果之外還要提供額外的乾狗食或燕麥，如果一次給予太多食物很容易就會發霉，所以最好是少量多餐，每次餵食前先移除舊的食物，才能避免環境衛生惡化。水分可以透過溼海綿來提供，每週一次在盒子內稍微灑水，也能幫助維持蟑螂所需的溼度。

## 如何餵食

如果你從來沒養過樹蛙，你可能會想問「我該如何把這些蟋蟀和蟑螂塞進青蛙籠裡？」，事實上有許多不同的技巧，隨著經驗增加你很可能也會找出自己的一套方法，大部分飼主會使用餵食容器，像是塑膠杯、塑膠盒或袋子，把蟋蟀和蟑螂從他們躲藏的紙板搖出來，然後算數量，到達合適的數量時就可以倒入一點補充品，與飼料昆蟲一起搖晃混合，直到昆蟲身上覆蓋一層粉末，這時就可以將昆蟲進貢給飢腸轆轆的樹蛙了。

## 無翅／殘翅果蠅

無翅／殘翅果蠅適合當作小型樹蛙的小點心，用來幫還沒長成成體的小樹蛙添加菜色，常見販售的有兩種果蠅，皆無法飛行，Drosophila hydei 是比較大的種類，體長可達 1／8 英吋（0.3 公分），Drosophila melanogaster 大 約 是 Drosophila hydei 的一半大。果蠅通常會連培養基以瓶裝販賣，瓶子底部有一層幼蟲的食物，單一組培養基可以持續一個月或更久，期間可以生產上千隻果蠅，有些寵物店會販售果蠅瓶，不過最好還是向專門的果蠅供應商購買。

## 家蠅

家蠅不像果蠅那麼普及，但是值得花時間尋找，因為他們為樹蛙提供經濟實惠又健康的餐點，有時飼料昆蟲供應商會提供無法飛行的家蠅，但是普通會飛的蒼蠅還是較受歡迎，因為這讓樹蛙有機會狩獵飛行的獵物。家蠅一般來說是以幼蟲期在販賣，可以在網路上的生物材料公司、飼料昆蟲公司和某些餌料店購買，幼蟲們應該要放置在一個大型通風（但又牢靠）的容器，置於室溫下數天，這段時間他們會漸漸羽化成具飛行能力的成蟲，一旦大部分的幼蟲都羽化完畢，就可以放進冰箱，低溫會讓他們活動遲緩，冷藏後不動的蒼蠅就可以倒入樹蛙的籠舍裡，

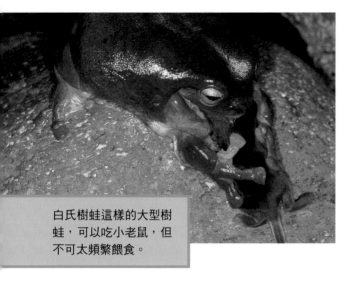

白氏樹蛙這樣的大型樹蛙，可以吃小老鼠，但不可太頻繁餵食。

他們會在裡面慢慢暖身並再度開始飛行，這是任何樹蛙都無法抗拒的空中美食。

## 老鼠

有些大型的樹蛙喜歡吃剛出生的小老鼠，他們全身光溜溜的，露出粉紅色皮膚，通常在寵物店叫做無毛乳鼠，無毛乳鼠只能用來偶爾增添食物多樣性，若頻繁餵食會對樹蛙造成一些營養問題，包括肥胖。

## 野生昆蟲與田野搜刮

自行從野外蒐集昆蟲是個豐富樹蛙伙食的好方法，蚱蜢、螽斯、蟋蟀、雞母蟲、蜉蝣和蛾類是幾種容易捉到的昆蟲，重點在於避開那些有殺蟲劑、除草劑或其他對兩棲類有害化學物質的區域，因此盡量不要在農業區蒐集昆蟲。

其中一個蒐集昆蟲和其他無脊椎動物的方法是田野搜刮，使用一個大網子來網羅青蛙的食物，走進長草裡面用網子來回掃動，就能有幾百隻昆蟲入袋，再用一般的方式餵食給樹蛙就行了。下雨或冷天無法進行田野搜刮，因此仍需倚賴現成的飼料昆蟲當主食，野生昆蟲為輔。

小提醒：餵食野生昆蟲給飼養的樹蛙有可能引進寄生蟲，舉著網子衝進草堆之前，先謹慎衡量野外昆蟲的優缺點，如果你餵食野生昆蟲，仔細監控你的青蛙是否出現寄生蟲感染。

# 第四章

# 繁殖

繁殖樹蛙極具挑戰性，需要耗費大量時間，但是結果很值得，首先樹蛙必須先準備好進入繁殖狀態，接著必須照料蝌蚪，最後把大量的小青蛙養大到能夠出售的體型，整個過程需耗費半年的時間來完成，但所有努力都將有回報。

人工繁殖樹蛙讓你有機會可以觀察到很少人有幸能親眼目睹奇妙的繁殖行為，同時也是減少野外捕捉個體需求的方法，大部分樹蛙仍沒有常態的人工繁殖產出，繁殖他們將會是個有趣的挑戰，而且讓你有機會達到在過去鮮少有人完成的事情。

## 性別

要分辨雄性和雌性樹蛙不是件容易的事，任何一個用來分辨性別的方法，都會發現至少有一個物種是例外，有鑑於此，最好是能先調查清楚你有興趣繁殖的特定物種的性別分辨方式，以下將介紹幾種最好用的方法。

### 鳴叫

叫聲是辨認青蛙性別的一個好方法，成熟的雄性會鳴叫吸引配偶，

大部分的青蛙種類都是雄蛙鳴叫吸引配偶，圖中是美國綠樹蛙。

所以通常會叫的是雄蛙，但有些物種的雌蛙也會發出聲音回應雄蛙，因此這些物種很難用聲音去辨識性別。不管雄蛙雌蛙受威脅時都會發出警戒聲，但這種聲音與雄蛙展示用的求偶叫聲不同。長時間鳴叫的青蛙通常喉部會呈現深色或鬆鬆的，這有助於判斷青蛙是否鳴叫。

### 體型

　　成體雌樹蛙體型通常比雄性大，有些種類雌性幾乎是雄性的兩倍大，也有些青蛙兩性差異非常細微，另外雌性通常頭部稍寬，或是看起來比較結實。動物個體的體型和形狀變異非常大，有雄蛙長得跟雌蛙一樣大。也有年輕的雌蛙看起來像雄蛙，因此樹蛙的身形和大小，適合作為其他更可靠的辨認方式的輔助。

### 婚姻墊

　　雄蛙身上可以發現具有婚姻墊的構造，繁殖期間會出現在大拇指下方，作用是在抱接（amplexus, 青蛙的交配姿勢）時可以抓緊雌蛙，婚姻墊通常呈現深色，而且外觀看起來比周遭皮膚還要粗糙，某些物種可能比較難找到，也有些相對的很明顯。只有雄蛙會有婚姻墊，繁殖季期間或人工飼養的雄蛙做好繁殖準備時就會出現，不管怎樣，一旦看到婚姻墊，就毫無疑問是個男的。

## 繁殖

　　若要繁殖樹蛙，首先要了解他們的基礎繁殖行為，繁殖程序由雄蛙展示性的鳴叫揭開序章，鳴叫扮演吸引雌蛙的功能，如果雌蛙接受了，她就會靠近雄蛙並發出準備好繁殖的訊號，接著小倆口就會移動到適合的地方產卵，雄蛙會從後面用前肢緊緊抱住雌蛙，這個交配的擁抱動作稱為抱接，雌蛙排卵後，雄蛙會將他們授精，完成後就從抱接狀態分開。

許多樹蛙種類的雄蛙進入繁殖狀態後會長出婚姻墊，圖中是蠟白猴樹蛙。

## 有備無患

幼蛙不會鳴叫、未達成蛙體型、也不會長出婚姻墊，因此無法分辨性別，如果是以繁殖為目的，但又無法取得可辨認性別的成蛙時，最好購買一大群幼蛙，增加獲得配對的機會，許多樹蛙在一年內就能成熟，因此若購買幼蛙，可能在不久後就能分辨性別了。

大部分樹蛙會選在一年中最潮濕的時節繁殖，也就是雨下不停、水位高漲的時候，若要人工繁殖樹蛙，你就必須調整溫度、濕度和水源來重現這樣的條件，來自季節性差異不大的地區的樹蛙，只要有足夠的水，通常一整年都可以繁殖，相反地，那些來自季節強烈變化地區的樹蛙，就必須有更多刺激才會開啟繁殖行為。為了促進生殖，頻繁加濕籠舍和／或製作一個能讓樹蛙在裡面繁殖的雨屋，對某些物種來說，在底材上倒水直到變成泥濘狀，讓整個籠舍淹水，可能會更有效，只是許多底材在泡水後會快速腐爛，像是土壤，因此使用此方法須注意適時更換底材。

除了調整溫度、濕度和水源之外，增加食物補給也同等重要，餵食須更頻繁且多樣化，對於即將生產的雌蛙尤其重要，雌蛙需要更多的卡路里來製造上百甚至上千顆卵。

謹慎觀察繁殖組確保每隻樹蛙都維持健康狀態，比較弱小的個體是否被霸凌而吃不到食物，另外，繁殖可能對樹蛙造成壓力，讓他們的免疫系統弱化，對於疾病或其他健康問題更無抵抗能力，因此只能讓身強體壯的樹蛙進行繁殖，否則繁殖的壓力很可能讓虛弱的個體一命嗚呼。

### 雨屋

即使有些樹蛙在一般籠舍就能繁殖，但若使用特製的繁殖用獨立雨屋仍然效果最好，任何防水容器都可以用來製作雨屋，重點在於一個

抱接中的墨西哥巨人葉蛙。

把水從底部往上抽的循環泵浦，讓水流經一個打洞的管子，稱為雨淋管，當泵浦啟動時，水從上灑下，相當於是人造降雨。

標準的玻璃水族箱、壓克力或塑膠整理箱都可以用來製作雨屋，在箱子底部安裝一個沉水泵浦把水往上打到雨淋管，將塑膠水管連接泵浦的出水口，往上導引到箱子頂部，再轉成水平橫跨箱頂，把水平部分的水管鑽好幾個小洞，並把末端封起來，如果泵浦的力道太強，水會直接從洞中噴射出，而非慢慢滴落，這時可以鑽更多洞釋放壓力或是調整泵浦力道。

讓雨屋底部保持淨空，不需要碎石或其他底材，可以避免很多水循環的麻煩，水位必須時常保持數吋高，讓泵浦能夠正常運作，為了預防樹蛙或飼料昆蟲溺水，可以在箱底放置一些大塊的石頭、漂流木和漂浮的樹皮，有些樹蛙會在這些物件周圍產卵。

如果有足夠強的燈光，就可以在水裡種植物，尤其漂浮植物效果最好，例如大萍（*Pistia stratiotes*）、布袋蓮（*Eichhornia crassipes*）和美洲水鱉（*Limnobium laevigatum*），黃金葛（*Scindapsus aureus*）、白鶴芋（*Spathiphyllum* species）的葉子可以長出水面，其他植物可以用盆栽種植在離開水的地方，例如倒吊花盆。確保所使用的植物完全沒有殺蟲劑、除草劑、葉面亮光劑和其他會對兩棲類造成傷害的化學藥劑，如果你不是綠手指的話，人造植物也能達到相同的效果。

沉水泵浦應該要由計時器控制，才不會連續運轉不停，運轉時間可

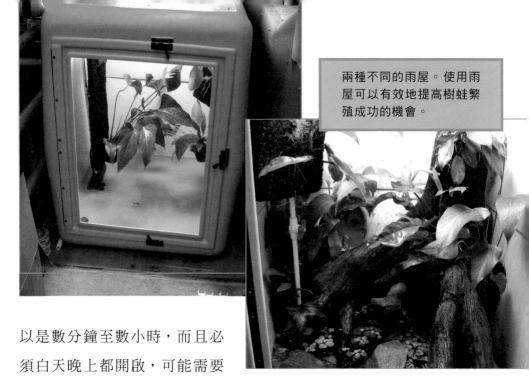

兩種不同的雨屋。使用雨屋可以有效地提高樹蛙繁殖成功的機會。

以是數分鐘至數小時，而且必須白天晚上都開啟，可能需要進行一些測試，才能得知何種頻率和時間能最有效刺激樹蛙進行繁殖。

如果樹蛙在第一次進入雨屋時沒有成功產卵，可能需要讓他在雨屋和舊家之間來回移動，剛開始先將樹蛙留在雨屋一到兩週，接著將他移回舊家停留一樣的時間，再移到雨屋裡，可以獲得意想不到的效果。

### 乾燥期

你可能會需要在人工濕季之前，先讓樹蛙經歷一段涼爽、乾燥的時間，取決於你所飼養的樹蛙種類，這可以加強兩個人工季節之間的對比，進而刺激樹蛙的繁殖行為。乾燥期間內，要增加籠舍的通風性，同時不再加濕，降低溫度以及減少食物供給也有幫助，但是必須確保即將進入這種嚴苛環境的樹蛙處於良好的健康狀態，因為虛弱的個體很可能無法負擔這樣的條件。

### 卵

樹蛙的產卵方式各異其趣，許多種類直接產卵在水面上，而其他則

## 了解你的青蛙

每種樹蛙的繁殖策略各異，因此事先了解你所要繁殖物種的習性 相當重要，許多樹蛙在挺水植物上繁殖，也需要漂浮植物或其他物件來產卵，其他種類則會在小池塘和慢速溪流上方懸垂的葉片進行繁殖，有些樹蛙具有非常巧妙的繁殖策略，在儲水的樹洞和腐爛的洞穴裡繁殖，重點是要了解你手上物種的繁殖習性，才能重現繁殖所需的特定環境條件。

演化出奇妙的方式離開水面繁殖，以躲避水中的掠食者，很多樹蛙會在漂浮或突出水面的植物上產卵，因此在人工環境下，在雨屋裡放置大萍、浮萍或其他植物可以模擬這樣的條件。家喻戶曉的紅眼樹蛙，以及其他許多種類，要求更高，他們產卵在懸垂於離水面一段距離的葉子上，當蝌蚪孵化時，從卵囊中扭動鑽出直接掉進水裡。

　　有些樹蛙利用所謂的卵泡進行繁殖，也就是產卵時分泌一層黏液包覆卵，樹蛙產卵時會用他們的後腿踢打黏液，打發形成一個巨大、泡沫狀的保護層，讓卵在孵化期間保持濕潤。多種棲息在樹冠層的樹蛙並不會去使用地面上的水體進行繁殖，而是利用積水的樹洞產卵和扶養蝌蚪長大，樹洞提供保護的功能，並且讓樹蛙不需要冒險下到地面去繁殖。根據你所飼養的樹蛙提供適合繁殖的條件，不論是人工樹洞、懸在水上的植物，抑

其中一個雨屋的雨淋管近照。

或是一層漂浮植物。

如果順利產卵而且也受精了，幾天後就可以看見小生命正在發育，受精卵的中心會看起來像正在裂開，接著很快就會看得出蝌蚪的形狀。未受精的卵通常會褪色，很快就會發霉並開始腐爛，一窩卵裡面只有部分成功受精的狀況相當常見，必須用濕紙巾或刮鬍刀片小心移除未受精卵，避免未受精卵的黴菌和細菌擴散到其他受精卵上。

卵必須放在潮溼的容器裡面保持濕潤，如果產在雨屋裡，可以就地放著等蝌蚪孵化進入水中，如果產卵在一般籠舍裡就要移至另一個箱子，而對於把卵產在水面物體周邊的物種，只要放在原地等蝌蚪孵化後再移出就行了，產在葉面上的卵則要在蝌蚪孵化之前先將整個葉片移出，把帶有卵的葉片懸掛在裝有淺水的容器上方。降低籠舍通風性或是完全阻隔避免蛙卵過於乾燥。

### 初期蝌蚪照護

蝌蚪大約在產卵過後的幾天到幾週內就會孵化，根據種類和卵暴露的環境條件而有所不同，剛開始的時候，蝌蚪可能會顯得沒有活動力，或是看起來像死掉一樣躺在水族箱底，依靠殘留的卵黃養分維

大部分樹蛙都會從樹上下來水裡產卵，就像這對白氏樹蛙。

大部分的種類一次會產下數十或數百顆卵，這些是墨西哥巨人葉蛙的卵。

生，這個階段最好是用淺水飼養，保持一點點或完全沒有水流，隨著蝌蚪長大，他們會愈來愈頻繁地四處移動搜索食物，一旦他們有了行動能力，就可以提高水位，泵浦或過濾器也可以開啟了。

## 蝌蚪的家

　　飼養蝌蚪用的容器可以從小塑膠盒，到標準 20 加侖（75.7 公升）水族箱，一直到兒童小型游泳池，水的體積是愈大愈好，因為水量愈多，水中廢物濃度就愈低，大水量也較不易產生溫度或水質震盪，提供一個更穩定的環境。

　　容器上方應該要安裝日光燈，促進藻類生長，藻類是許多蝌蚪的食物來源，燈光同時也可以用來種植活體植物，沉水、漂浮和挺水的物種都適用，植物生長時會消耗額外的營養和硝酸鹽，有助於維持良好水質。除了活體植物之外，容器內幾乎可以保持淨空的狀態，我偏好裸底飼養蝌蚪，避免使用碎石和卵石這些底材，如此一來換水和吸出底部碎屑的工作就變得更輕鬆，有些繁殖者會在水裡丟入乾燥的葉片，通常是橡樹、木蘭或欖仁樹葉，這些葉片會釋放有益的單寧酸進入水中，也能提供蝌蚪躲藏的地方，葉片形成的生物膜腐爛後也能成為蝌蚪的食物。

## 水質

　　維持良好水質是飼養蝌蚪的基本功，每週至少一次部分換水，如果蝌蚪比較密集甚至要每隔一天換一次，用虹吸管或滴管吸取堆積在底部的廢物，要確保新加入的水與原先缸內的水溫度相同，避免溫度震盪，

## 做好準備

**有些樹蛙可以產下數千顆卵，可能需要消耗大量時間和空間照顧孵出的蝌蚪和幼蛙，因此在把青蛙配對放進雨屋之前務必謹慎規劃。**

另外也要避免一次更換超過一半的水量，才不會造成水質大幅度震盪和移除太多水中有益的細菌，這些微生物幫助分解排泄物維持水質穩定；如果換水時不小心移除太多，會導致水質出問題。你會希望在繁殖樹蛙之前先把蝌蚪缸設置妥當，甚至在蝌蚪出生之前先養幾隻小魚，可以確保水缸已經準備好迎接蝌蚪入住。

謹慎選擇養蝌蚪用的水源，可以使用已去除氯、氯胺和重金屬的自來水，各地區的自來水品質各異，有些地區的水可能對蝌蚪不安全，太硬或已發現含有硝酸鹽或其他有害物質的自來水就不應使用，瓶裝礦泉水是種替代方案，避免使用純蒸餾水或逆滲透水，因為他們缺少蝌蚪成長所需的基本微量元素和鹽。硬水地區的作法是將蒸餾水或逆滲透水加入處理過的自來水，其功效等同於在純水裡加入必要的鹽份和礦物質，最後相當於是稀釋過後的自來水，對蝌蚪無害。

### 過濾

過濾可以幫助維持水質，但不是必須，最常用於蝌蚪的過濾形式是水妖精（sponge filter），由空氣泵浦驅動，適合用在小水量，懸掛於水缸側邊的外掛過濾器（power filter）也有很好的效果。圓筒過濾（canister filter）是另一種有效的過濾方式，但適合用來過濾大水量、高密度的缸，不論是外掛過濾或圓筒過濾的進水管都必須包裹一層網子防止蝌蚪被吸入。許多蝌蚪在野外是生活於不流動的水中，因此最好能把過濾器定在最低功率避免產生過多水流，出水口一樣可以調整減少水流衝擊，而底部過濾對於暫時性的飼養蝌蚪並不實用，不須考慮。如果只有少量蝌蚪甚至連過濾都不需要，只要勤換水即可。

## 餵食蝌蚪

大多數蝌蚪是植食性，最初他們會吃各種藻類為生，有些也會攝食碎屑或細菌，隨著嘴巴發育，有些蝌蚪會開始吃植物葉子和水生植物，人工飼養的蝌蚪有豐富的餐點選擇，高品質魚飼料簡單又方便，對許多物種都適用，多樣的魚飼料都可以使用，從一般的熱帶魚薄片飼料到沉水性藻類飼料。有些蝌蚪會喜歡額外的解凍紅蟲或是水蚤，每隔幾餐給予即可，利用多樣化的食材增加蝌蚪餐點的變化，可以預防營養不足的問題發生。除了魚飼料之外，為蝌蚪特製的飼料也有很好的效果，可以從生物材料商或寵物店購得，其他用於豐富蝌蚪菜單的食物包括壓碎的水龜飼料、藻類補充粉（例如螺旋藻或綠球藻，可於健康食品店購得）和無調味海苔。

蝌蚪需得每天餵食，以不汙染水質的前提下愈多愈好，如果數小時後仍有食物殘餘，那就表示餵太多了，較佳的方式是每天盡可能少量多餐。雖然蝌蚪通常很強韌而且能忍受好幾天沒有被餵食，沒東西吃時他們會搜刮水缸裡的藻類和碎屑。

## 變態（Metamorphosis）

從水生幼年期一直到轉變為成體樹蛙上陸的這段期間，他們需要特別的照顧，一旦前肢開始發育後，尾巴就會漸漸被吸收掉，剩下的小尾

巴樹蛙需要有容易上岸的通道才不會溺死，從蝌蚪發育到這個階段可能會花上數週到數個月的時間不等。

一旦前肢開始發育，許多蝌蚪會攀爬容器邊緣，到了這個階段就可以將他們移出至另一個容器，讓他們可以將尾巴完全吸收，沒有溺死的風險。

放大檢視紅眼樹蛙的蝌蚪。

其他樹蛙則需要簡單一點的方法上岸，有時在水裡放幾片漂浮的樹皮，對成長中的樹蛙來說就是足夠堅固的地面了，新變態的樹蛙也會使用突出水面的植物，放置黃金葛植株讓其葉子伸出水面，新變態的樹蛙就有能夠攀爬的空間，漂浮的大萍也有同樣功能。一旦蝌蚪開始離水，就必須把容器上方用紗網確實蓋住避免脫逃。

## 照顧小青蛙

離開水後的幾個星期，小樹蛙還是非常脆弱，將他們養在一個小而簡單的籠舍，標準 10 加侖（38 公升）的水族箱鋪上沾濕的紙巾當作底材、一個盆栽和一個淺水盆對大多數物種就足夠了，這樣的設置最初可以容納至多十五到二十隻初長成的樹蛙。通常在幾週後就會明顯看出一群之中有幾隻長得特別快，將樹蛙們依照體型區分，較大的住在一起，小的住在另一個籠舍，這麼做可以確保小樹蛙不需要與較強壯的對手競爭食物。

年輕小樹蛙對於乾燥特別敏感，所以必須常保有一個乾淨的水盆，保持每天換水，新變態完成的樹蛙是有溺水風險的，尤其是在大型光滑的水盆，為了避免溺水，可以在水盆裡浸入一張廚房紙巾，提供小樹蛙立足的地方，較容易能出得去，紙巾應該要連同水每天更換。

餵食是飼養一大群小樹蛙最具挑戰性的部分，新變態的樹蛙剛開始會把尾巴吸收獲得養分，但是在尾巴完全吸收的幾天後，就得開始每晚餵食了。一小群成體樹蛙就能產出上百隻小樹蛙，每隻小樹蛙每晚需要吃掉二到十隻昆蟲，每週可能需要消耗上千隻蟋蟀、果蠅或其他飼料昆蟲，因此有必要向飼料昆蟲批發商訂購大批蟋蟀和其他飼料。每次餵食皆沾取少量維他命或鈣粉，此時必須盡力滿足小樹蛙的營養需求。

一旦你的蝌蚪長腳，就要提供他們離開水的管道，圖中是一隻橙腿猴樹蛙。

當樹蛙們達到足夠大小時，就可以販賣、交換或送人，售出前至少要觀察一個月的時間，才能確保每隻都很健康，準備好迎接新家了。

# 第五章

# 健康照護

很多種健康問題會影響人工飼養的樹蛙，內寄生蟲、細菌感染、肥胖、營養不良和外傷是幾個比較常見的問題，對於這些問題如何發生以及治療方法有個基本的認知，有助於你預防問題發生，也做好隨時要應對問題的準備。

大多數造成不健康的因素都與飼養的環境直接相關，保持籠舍清潔是遠離疾病最簡單的方法，每天換水也同樣重要，而溫度對於樹蛙健康的影響也舉足輕重，仔細監控溫度，確保其維持在正確的範圍內，避免上下波動，若有維持籠舍清潔和適宜的溫度範圍，就能夠避免許多常見的健康問題。

## 獸醫

要找到具備兩棲類經驗的獸醫將會相當棘手，青蛙不需要像貓狗一樣每年帶去給獸醫定期檢查，但是若有哪裡出問題的跡象時，就必須去檢查，若你在附近找不到懂得青蛙的獸醫，一般「毛小孩」的獸醫也是有辦法藉由諮詢其他獸醫提供協助。

## 壓力

壓力會削弱樹蛙的免疫系統，造成樹蛙更容易染上疾病，因此一個簡單預防疾病的方法，就是盡量避開會造成壓力的情況。觸摸、過度餵食、繁殖、環境設置不正確或是太擁擠，還有移動到新環境，是幾種常見的壓力來源，與樹蛙的互動降至最低，並且確保周遭環境符合他們的需求，有利於免疫系統正常運作。

## 中毒

樹蛙具有脆弱、通透性的皮膚，讓他們非常容易中毒。清理籠舍時避免使用肥皂或其他清潔劑，倘若留下殘餘，對樹蛙來說很危險，好幾種空氣芳香劑和除臭噴霧也會讓樹蛙中毒，因此避免在同個房間使用

飼主應該要隔離檢疫野外捕捉的個體，例如圖中的紅眼樹蛙，因為他們常常帶有寄生蟲或細菌感染。

這類產品。我們的手也是另一種潛在的有害化學物質來源，所以在觸摸樹蛙或籠舍內物品之前，務必要先洗手。另外，樹蛙會因自己的排泄物中毒，當排泄物濃度過高時，例如一段時間沒有換水，就有可能發生。

## 肥胖

大部分寵物樹蛙都過度肥胖，這不難理解；我們喜歡餵青蛙，看他們吃東西是飼養樹蛙的一大樂趣，但是餵食太頻繁或是太大量都很容易導致肥胖，除此之外，他們居住的籠舍只是野外環境的一小部分，所以他們可以用來移動、獵食、消耗卡路里的空間也少得多。肥胖的樹蛙皮膚上會有皺褶，身上也有脂肪堆積，通常會在眼睛周圍或下巴，脂肪沉積會對兩棲類造成大問題，就像在人類身上一樣，因此必須對過胖的樹蛙進行節食計畫，減少餵食的量和頻率，避免脂肪含量高的食物，例如蠟蟲或大麥蟲，不過還是最好能在一開始就注意餵食的量，避免肥胖發生。

## 骨骼代謝症

最常見與飲食有關的疾病是骨骼代謝症（metabolic bone disease），這個名詞是用來描述多種由缺乏鈣質和／或維他命 D3 或前二者與磷的不平衡所引發的症狀，患有骨骼代謝症的樹蛙會產生骨骼畸形、斷裂，

## 脹氣 vs. 肥胖

有時樹蛙會因為充滿液體或氣體造成脹氣，脹氣有可能肇因於細菌感染、便祕、腎臟受損，不要將脹氣和肥胖搞混，肥胖的樹蛙頭部和身體的皮膚會產生皺摺，而脹氣的樹蛙看起來是整個被撐開，就像被灌空氣進去，應該盡快帶脹氣的樹蛙去給獸醫檢查是什麼原因造成的。

可能會看起來奇形怪狀，尤其是在嘴巴和四肢周圍，缺乏活動力、顫抖和因骨折而難以行動，常常伴隨畸形的外觀出現。

給予樹蛙均衡的餐點，包含有適量的鈣質、維他命 D3 和磷，就能避免骨骼代謝症，磷抑制鈣質吸收，而且由於大多數飼料昆蟲含有豐富的磷和少量鈣質，因此建議使用無磷鈣粉補充品。另外補充品必須含有維他命 D3，D3 讓樹蛙能有效利用食物裡的鈣質，成長中的年輕樹蛙鈣粉需求量比成體樹蛙更多。如果出現任何骨骼代謝症的徵兆，請與獸醫聯繫，他會有辦法正確診斷出問題，並很可能給予你的樹蛙額外的鈣質補充。

## 阻塞

樹蛙是傑出的掠食者，但有時食物會伴隨一些底材被吃進肚子，這些異物會堆積卡住樹蛙的消化道，若要避免堵塞可以選用不會造成堵塞的底材（椰纖土、多種土壤等等），或是不易被吃掉的底材（廚房紙巾、泡棉、大顆卵石等等），消化道堵塞的症狀包括腹部腫脹和無精打采，一般來說腸道堵塞的兩棲類需要進行手術治療。

寵物白氏樹蛙超級容易肥胖。

## 細菌感染

樹蛙，還有其他所有生物，都持續地被細菌環繞著，通常這不會對免疫系統正常的健康樹蛙造成問題，但是當樹蛙受到不正確的照護而變得虛弱時，就給了細菌趁虛而入的機會，在感染初期要發現並

不容易，因此最好的方法仍是避開出現細菌喜歡的環境，包括保持籠舍乾淨和勤於換水，同時也將壓力降至最低。細菌感染的症狀有嗜睡、膨脹、皮膚褪色、眼睛混濁、癱瘓和抽搐，抗生素能夠有效治療細菌感染，可以向獸醫取得。

## 真菌感染

在樹蛙身上真菌感染比細菌感染少見，偶爾在開放性傷口會出現局部感染，通常會出現灰色或黯淡的黏液環繞在傷口周圍，或是覆蓋整個區域，呈現一種不尋常的亮色斑塊，真菌感染會以很多種形式出現，取決於不同的種類，因此獸醫的檢查和診斷相當重要，才能讓樹蛙獲得適當的治療。

比起成體樹蛙的真菌感染，更常見的是發生在蝌蚪身上，樹蛙在水生階段更容易受到真菌感染，白絨毛就是個明顯的徵兆，所以如果你發現蝌蚪身上長出白絨毛，可以考慮檢查一下水質，寵物店販賣的魚類抗真菌藥劑有時也可以拿來治療蝌蚪真菌感染。

### 壺菌

有種真菌感染在近幾年來備受關注——已經確認蛙壺菌 (*Batrachochytrium dendrobatidis*) 是造成最近兩棲類族群銳減和滅絕的元凶，

## 紅腿病

惡名昭彰的紅腿病（red-leg disease）是種細菌感染，通常由氣單胞菌（*Aeromonas*）所引起，此病症的名稱由來是腿部內側的微血管因感染而破裂，導致皮膚變紅色，紅腿病常常伴隨其他細菌感染的症狀一起出現，很遺憾地，這些症狀通常在青蛙已經受苦好一段時間之後才會出現，讓治療更棘手。氣單胞菌常見於土壤和水裡，也會出現在樹蛙缸裡，平常不會造成問題，一旦青蛙的免疫系統弱化就很容易被感染，因此盡量將壓力降至最低，讓樹蛙的免疫系統保持強壯，就能避免紅腿病。

人工飼養的兩棲類也偶有感染的案例，而且有能力在幾週內將受感染的青蛙殺死，相反地，也有證據指出有些青蛙可以與這種真菌和平共存好幾年，不會出現症狀和傳染給其他青蛙，在飼主看起來與一般無異。溫度驟降和壓力被認為是人工飼養兩棲類爆發蛙壺菌的主因。蛙壺菌有辦法成功被治療，但是必須要有獸醫師正確的診斷才能給予適當的藥物，其症狀包括嗜睡、食慾下降、頻繁蛻皮還有泡在水裡的時間變長。

## 寄生蟲

有一群小蟲專門寄生在青蛙身體裡，他們住在腸子、肺、肌肉、皮膚甚至血液裡，把青蛙當作宿主。大多數人對寄生蟲的負面印象，讓大家對寄生蟲特別警覺，但是很多時候寄生蟲根本不足為懼，人工飼養的青蛙在寄生蟲感染的狀況下依然可以活很久，而且寄生蟲會被壓制在一定的量以下，一旦免疫系統因壓力或其他健康問題弱化之後，就會讓寄生蟲族群量大幅成長到具威脅的程度。攜帶糞便樣本給獸醫檢驗，可以得知你的青蛙身體裡有何種寄生蟲，以及需要怎麼治療，新入手的青蛙最好也先給獸醫進行糞便檢驗，之後若青蛙呈現嗜睡、營養不良或其他不健康的樣子，也要檢查糞便。

## 各類外傷

　　小擦傷是相當普遍的問題，常見於暫時安置和運送時將樹蛙放在狹小的籠舍，許多樹蛙會跳起撞牆或持續用臉摩擦，造成傷口，小傷口有時會自己治癒，但若幾天後不見好轉，建議與獸醫聯繫。

　　用紗布沾鹽水可以用來治療外傷，幾分鐘後再用清水洗淨，抗生素軟膏也常被用來治療傷口以及後續的感染。籠舍內尖銳的物品會導致更嚴重的傷口，或是飼主的粗心大意，例如失手讓重物砸到青蛙身上，如果造成嚴重傷口須盡速聯繫獸醫。

## 直腸脫垂

　　體內的器官滑出原本的位置稱為脫垂，樹蛙最常見的是直腸脫垂，也就是內部組織懸垂在肛門外，第一次看到可能會非常驚訝，那個景象是你的樹蛙排出自己身體的一部份。直腸脫垂的原因通常與飲食有關，而且可能是撞擊、骨骼代謝症或腸胃超載所引發，簡單來說就是餵太多東西了，內寄生蟲和中毒也是可能原因。有時移位的組織和肌肉可以自行修復，但其他時候發生脫垂就需要獸醫的協助，用糖水輕拍突出的組織可以減緩腫脹，通常會有些幫助，如果暴露在外的組織二十四小時內沒有回歸原位，請立即與獸醫聯繫。

野外捕捉來的樹蛙常出現吻部潰瘍，圖中是犬吠蛙。

# 第六章

# 美國綠樹蛙
# （Green tree frog）
# 和其他北美雨蛙屬物種

國綠樹蛙（*Hyla cinerea*）是我養的第一隻兩棲類，很多人跟我一樣，這種不貴的小樹蛙是最普遍的寵物青蛙之一，少數幾種來自北美洲的雨蛙屬（*Hyla*）物種也不定期出現在寵物市場，包括松鼠樹蛙（*H. squirella*）、犬吠蛙（*H. gratiosa*）、可普灰樹蛙（*H. chrysoscelis*）和灰樹蛙（*H. versicolor*），這些北美原生種樹蛙若有受到正確照顧，可以在人工環境下適應良好，因此新手老手都非常適合飼養他們。本章節將著重在北美洲雨蛙屬物種的照護，以美國綠樹蛙作為範例。

## 物種介紹

### 美國綠樹蛙（Green Tree Frog）

　　美國綠樹蛙（*H. cinerea*）原生於美國東南部，常出沒在池塘、沼澤、流速緩慢的溪流、湖邊，甚至牛隻的飲水槽周邊，挺水植物（根紮在水底，向上生出水面的植物）的葉片是他們最喜歡用來休息的地方。

　　美國綠樹蛙的成體長度約 2 英吋（5.1 公分），雖然許多個體不會長那麼大，他們主要的顏色是鮮綠色，但是會隨所處的環境改變成深一點的褐色或橄欖綠，大多數綠樹蛙有一條奶油色或黃色的側線從嘴巴一路下至側腹部，但有些族群不一定看得到，美國綠樹蛙的白化種偶爾也會在寵物市場看到，具有鬼魅般的白色，還有幾乎透明的皮膚和粉紅色眼睛。

### 松鼠樹蛙（Squirrel Tree Frog）

美國綠樹蛙是常見的樹蛙，不論是在野外或寵物市場。

　　松鼠樹蛙（*H. squirella*）與美國綠樹蛙的外觀非常相似，體型稍小，大約 1 英吋（2.5公分）至 1.5 英吋（3.8 公分）之間，松鼠樹蛙沒有像美國綠樹蛙具有明顯的側線，但是某些族群仍可看見側邊模糊的線條，另外有些松鼠樹蛙會有深色斑點分布在背上。他們與美國綠樹蛙棲息的環境相同，一樣在美國東南部，但是分布範圍較小，飼養方式與美國綠樹蛙相同。

### 犬吠蛙（Barking Tree Frog）

　　犬吠蛙（*H. gratiosa*）也是美國東南部的原生種，本種棲息在水邊的樹林裡，在野外大部分時間都高掛樹梢，在每年乾旱或炎熱的期間，犬吠蛙會爬下地面，將自己埋進土裡進入夏眠，等

松鼠樹蛙與美國綠樹蛙長得很像，但比較小且沒有白色側線。

待外面的環境好轉。

犬吠蛙是美國原生最大型的樹蛙，有些個體體長可以超過 2.5 英吋（6.4 公分），他們的花紋十分引人注目，通常背部覆蓋有深色的小斑點，他們可以轉換顏色，從萊姆綠到深褐色，通常介於兩者之間。犬吠蛙在人工飼養下，可能比本章節討論的其他青蛙更敏感一點，但是絕對不困難，他們需要充裕空間，通風良好的場地，比美國綠樹蛙需要的大，但是其他方面都相同。

## 灰樹蛙（Gray Tree Frog）

兩種灰樹蛙有時也在寵物市場出現，可普灰樹蛙（*H. chrysoscelis*）和灰樹蛙（*H. versicolor*）看起來很像，他們有具紋理的皮膚，上頭有些小突起和疣，成蛙可以改變顏色，從亮白色到淺灰色，甚至綠色，大腿內側是亮黃色或橘黃色。灰樹蛙成熟的大小介於 1.3 至 2.3 英吋（3.3 至 5.8 公分）。此兩個物種分布橫跨美國東部和加拿大南部，從奧克拉荷馬和曼尼托巴南部往東至海岸。

這種樹蛙是偽裝的大師，他們將自己融入樹皮的技巧高超，樹皮同時也是平常休息的地方，他們棲息在森林區域，但有時也會在郊區被發現，只要有足夠的樹和水源。灰樹蛙是很棒的寵物，他們的環境

### 冷卻注意

只讓健康狀況良好的青蛙接受長時間的冷卻處理，因為人工冬天對他們來說是嚴酷的考驗，適用於美國綠樹蛙和其他物種。

雄性犬吠蛙在池塘表面鳴叫，本種的叫聲很大，像狗吠叫的聲音，因而得名。

容忍度很高，有些人建議必須讓灰樹蛙在冬天時經歷一段冬眠，他們才能在人工飼養下存活，不過我發現這不是事實。

## 飼養照護

若購買到狀況良好的美國綠樹蛙（以下簡稱綠樹蛙），他們可是非常堅韌的，沒有太困難太複雜的需求，只要給予正確的照顧，就可以陪伴你好幾年。

### 入手管道

很遺憾地，綠樹蛙供應的大宗是野外捕捉，他們被採集者捕獲，送到貿易商，再運送到寵物店，當他們在貿易商和採集者手中時，通常生活在非常擁擠的小空間，這會對他們造成壓力，如果同籠的其他個體看起來生病不健康，切勿購買，當然也要略過任何看起來生病的個體。

除了從嚴重擁擠的樹蛙中挑選之外，另一個辦法是自己的寵物自己抓，如果你剛好住在他們的分布範圍內且無違法之虞，可以考慮花一個晚上的時間去池塘邊尋找綠樹蛙，你就有機會獲得一隻健康的青蛙，同時也不會助長大規模的商業採集。

### 籠舍

綠樹蛙的環境設置非常容易，他們可以接受許多不同風格的居家環境，而且不管在簡易的住家或是自然型的住家都能過得很好，有時甚至連加熱都不用，因此可以盡量簡化籠舍的設計，我會建議一開始將他們養在非常簡單的設置，方便監控他們的健康狀況，再來可以依照喜好移動至其他型態的籠舍。

就算他們屬於小型樹蛙，也不應該養在太小的籠舍裡，綠樹蛙活動力很強，會使用籠舍裡的每個角落，一個標準的 10 加侖（38 公升）水族箱或其他相同大小的箱子就足夠飼養一對綠樹蛙，使用紗網覆蓋頂部，同時確保安全和通風性。

籠舍內的底材、水盆、棲木和躲藏點是必須的，簡單的設置可以採用沾濕的廚房紙巾或裝潢用橡膠泡棉，廚房紙巾既便宜又衛生，應該要每週更換數次，如果你想要更自然一點的外觀，選用椰纖土，一兩個盆栽可以提供遮蔽以及讓樹蛙攀爬，如果你是植物殺手，用人造植物也是個替代方案，漂流木或樹皮板是良好的棲木，雖然我發現樹蛙白天時比較喜歡黏在缸壁上休息，此外還必須要有一個大的淺水盆，每天換水避免排泄物堆積。

両種灰樹蛙的外表完全相同，只差在鳴叫聲和基因不同。

## 溫度與濕度

綠樹蛙可以接受的溫度範圍很廣，一般來說，日間溫度介於 72°F（22°C）和 80°F（27°C），偶爾幾天超出這個範圍也不會有什麼大問題，夜間溫度可下降 5°F 到 10°F（3°C 至 6°C），一年中較冷的時候可能會需要加熱，一個 15 至 50 瓦的加熱燈通常就夠用了，取決於籠舍的大小。

籠舍內的溼度範圍可以很廣，在野外大雨過後，綠樹蛙可能會身處接近 100% 的濕度，而在乾燥寒冷的冬天濕度會驟降。人工環境需要每週數次加濕籠舍以維持適中的溼度，如果籠舍剛好是放在乾燥的房間，可能需要更頻繁加濕避免完全乾掉。

食物

　　就像飼養其他青蛙一樣，必須提供活體昆蟲作為綠樹蛙的食物，蟋蟀可以當作他們的主食，每二或三天根據蟋蟀和青蛙的大小給予二至六隻蟋蟀，樹蛙會飢渴地獵食飛行的昆蟲，像是蛾類或蒼蠅，因此如果情況允許，可以利用這些飛蟲來增加食物的多樣性，蚯蚓也是選項之一，特別適合綠樹蛙的大型親戚灰樹蛙和犬吠蛙。

美國綠樹蛙休息時或覺得冷的時候常常會變成棕色。

繁殖

　　少有兩爬玩家會人工繁殖綠樹蛙，並不是繁殖他們的難度高，而是他們太便宜又容易在野外捕捉，但這不應該是阻止人們嘗試繁殖綠樹蛙的理由，我們樂於見到健康的人工繁殖個體取代野外捕捉來的不健康樹蛙。

**性別** 分辨雌雄樹蛙最可靠的方法是聽聲音，只有雄蛙會鳴叫，聽起來像是更高音的鴨子呱呱聲，人工飼養下他們特別喜歡在籠舍加濕後鳴叫，如果你找不出是哪隻青蛙在叫，可以在隔天早上檢查他們的喉嚨，雄蛙的喉嚨在長時間鳴叫後，通常會變成深色或看起來鬆垮垮。就像其他種樹蛙一樣，最好是一個繁殖組裡面有好幾隻雄蛙，因為似乎雄蛙之間的競爭有助於刺激生殖行為。

**調理** 季節循環和正確的調理對於激發繁殖反應是必須的，目的是要重現綠樹蛙在野外會經歷的季節變換，以刺激生殖行為，意思是把籠舍降溫 $10°F$ 或甚至 $15°F$（$6°C$ 至 $8°C$）持續數週來模擬冬天，這段期間讓底材乾燥、濕度下降，食物也必須限制供應，永遠都要提供乾淨的水源，讓樹蛙在這段嚴峻的人造冬天可以保有水分。

**生態缸裡一點綠**

美國綠樹蛙是生態缸飼養的不二蛙選，他們體型小，不像其他大型蛙類會破壞植物，大便也不多，不會超過生態缸的負載量。

又冷又乾的季節過後，必須要讓樹蛙以為春天到了，是時候開始繁殖了。首先開始增加食物量，雌蛙為了產卵需要更多營養，同時也提高溫度和頻繁灑水提高濕度。

此時雄蛙若有調理成功，應該會開始在晚上大聲鳴叫了，一旦雌蛙抱卵而雄蛙開始鳴叫，就可以將繁殖組移置雨屋，雌蛙會產下上百顆卵，通常會產在浮萍之類的漂浮植物上。

藍化美國綠樹蛙，缺乏黃色色素，寵物市場裡有少量繁殖。

**蝌蚪和幼蛙** 每次繁殖可以產出上百甚至上千隻蝌蚪，請依照本書繁殖的章節來照護，大型水族箱、塑膠整理箱或小型塑膠游泳池都能用來容納大量的蝌蚪。

蝌蚪通常會在五至八星期之後變態成小小綠樹蛙，新長成的小樹蛙們食量非常大，以蟋蟀為主食偶爾搭配殘翅果蠅就能長得頭好壯壯，簡單的籠舍設置可以讓清潔維護更容易。

# 第七章

# 紅眼樹蛙
# （Red-eyed tree frog）

在本書討論的所有樹蛙之中，最遠近馳名的就屬紅眼樹蛙（*Agalychnis callidryas*）了，他們在人工飼養下表現良好，雖然還是比其他普遍的物種更敏感一些，但這不應該成為你怯步的原因，只要把該有的東西準備好，並挑選一隻健康的青蛙，紅眼樹蛙將會是最棒的寵物蛙。

紅眼樹蛙的腹側有美麗的藍色斑紋，同種之間的明亮度有所不同。

## 介紹

紅眼樹蛙具有綠色的背部和四肢，讓他們能巧妙地將自己與白天休息用的樹葉融合在一起，到了晚上，綠色通常會變深，有時會變成褐紫色，根據環境因子的不同，例如光線強度，一天之內也會有各種顏色的改變，有些個體背上也會出現白點，腹側是藍色和黃色交錯的線條，還有他們特大的腳掌呈現亮橘色，除了色彩繽紛的外表，他們還有超大的紅色眼睛。

紅眼樹蛙的顏色在各族群間仍有差異，一般來說，在分布範圍北部的族群看起來會像我們印象中的紅眼樹蛙，有番茄紅的眼睛和深藍色的側腹，還有鮮明的黃色線條，而來自南邊的族群常常有更深，甚至酒紅色的眼睛，體側的藍色較淺。成體時，雌蛙可達 3 英吋（7.6 公分），雄蛙通常比較小一點，大約 2 英吋（5.1 公分）。

在寵物市場上，紅眼樹蛙有相當多種品系或顏色變異，最廣為人知的是黃化（xanthic），身上主要是淡黃色，除了體側是淺紫色線條，他們的眼睛也不再是紅色，取而代之是白色；還有白化紅眼樹蛙，身體是比黃化更淺的黃色，同時保留了普通紅眼樹蛙的紅色眼睛；另外，最近也出現一種非常特殊的黑色品系，他們是全黑色，除了腹面是帶點粉紅的灰白色；還有一種稀有的缺黃（axanthic）色系，由藍色取代綠色，但是數量非常稀少。

## 自然史

整個中美洲都能找到紅眼樹蛙的足跡，範圍從墨西哥南部開始，一

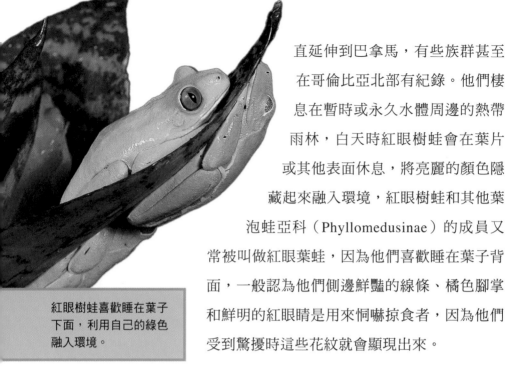

直延伸到巴拿馬，有些族群甚至在哥倫比亞北部有紀錄。他們棲息在暫時或永久水體周邊的熱帶雨林，白天時紅眼樹蛙會在葉片或其他表面休息，將亮麗的顏色隱藏起來融入環境，紅眼樹蛙和其他葉泡蛙亞科（Phyllomedusinae）的成員又常被叫做紅眼葉蛙，因為他們喜歡睡在葉子背面，一般認為他們側邊鮮豔的線條、橘色腳掌和鮮明的紅眼睛是用來恫嚇掠食者，因為他們受到驚擾時這些花紋就會顯現出來。

紅眼樹蛙喜歡睡在葉子下面，利用自己的綠色融入環境。

## 飼養照護

紅眼樹蛙的基本照護一點都不困難，但飼主須滿足幾項要求，他們對於不正確的照護方式比其他普通物種更為敏感，因此在購買之前必須先做好充足的準備。

### 入手管道

人工繁殖或野外捕捉的紅眼樹蛙都可以從寵物店、貿易商和繁殖者取得，盡可能購買人工繁殖的紅眼樹蛙，雖然他們通常又小又脆弱，但這些在家裡長大的紅眼樹蛙幾乎能夠完全適應人工環境，而野外個體則較難，挑選適當大小的人工繁殖個體，不要選擇剛變態完成、長度小於0.75英吋（1.9公分）的小青蛙，這種大小的青蛙對於壓力非常敏感，短暫的運送過程就可能讓他們筋疲力竭而死亡。

當野外捕捉的紅眼樹蛙是你唯一的選擇時，詳細檢視樹蛙有無任何生病的跡象就相當重要，避開那些嘴巴有擦傷或其他外傷的個體——最近進口的紅眼樹蛙常見的問題。細菌感染也常見於野外捕捉個體，仔細檢查是否有任何傷口或皮膚上有不尋常的斑塊，很有可能就是細菌感染的徵兆，觀察他們的行為也很重要，在紅眼樹蛙睡覺時戳他或騷擾他，健康的樹蛙會迅速睜開眼睛然後變得警覺，因此不要購買那些反應太慢或反應很奇怪的個體。

籠舍

　　紅眼樹蛙需要寬敞通風的空間，大量闊葉植物也是必備品，20 加侖（76 公升）的水族箱就足夠容納一群三到四隻的紅眼樹蛙，他們不一定要群體飼養，小一點的 10 至 15 加侖（38 至 57 公升）水族箱可以容納一隻成體樹蛙，幼體樹蛙最好養在側邊和上蓋鑽有通氣孔的塑膠整理箱，或是 5.5 加侖（21 公升）的小水族箱，這種大小的空間讓小樹蛙能較輕鬆地獵食，直到他們有能力管理更大的領地。

　　雖然一般對於紅眼樹蛙所居住的熱帶雨林的印象是一個非常潮濕

的地方，但事實上他們大部分的時間都暴露在葉片上，周邊有大量空氣流通，並沒有那麼潮濕，人工飼養若要複製出相同的微氣候，就必須提供良好的通風性，側邊開孔的玻璃或壓克力爬蟲箱是理想的籠舍選擇。

籠舍裡的底材和家具擺設是必須的，沾濕的廚房紙巾是最好用的底材，而且清理起來快速又簡單，但許多人不喜歡人工感太重的廚房紙巾，如果你想要更美觀的底材，可以試試水苔或椰纖土，兩者都有良好保水能力而且看起來又自然，另外裸缸也是選項之一。

籠舍裡也必須提供活體或人造植物，讓樹蛙白天時有休息的地方，如果採用活體植物，選擇那些葉片大、支撐性良好的植物種類，可以用盆栽的方式種植，放在底材裡或表面，這樣在清理時就會方便許多。除了植物之外，也可以放些漂流木或樹皮，紅眼樹蛙會在夜間獵食時利用，水盆也是必需品，用來讓樹蛙保持水分。

典型的巴拿馬紅眼樹蛙具有深紅色的眼睛，腹側顏色較淺。

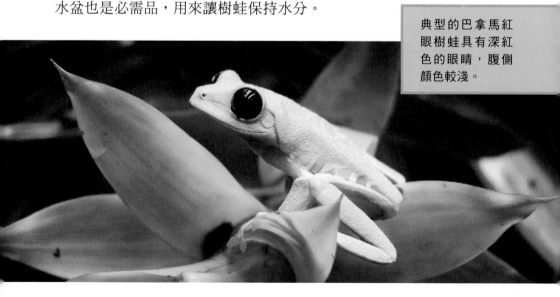

適合紅眼樹蛙的植物包括火鶴、小型肖竹芋、大型蔓綠絨、黃金葛和白鶴芋。

紅眼樹蛙也可以養在生態型籠舍，但不能過度密集飼養，否則太多排泄物累積會破壞系統的平衡。選用堅韌的植物，因為太脆弱的植物在晚上會被摧殘殆盡，大部分常用在生態缸裡的植物不會喜歡紅眼樹蛙需求的大量通風，他們通常喜歡潮濕環境。紅眼樹蛙的籠舍需得妥善規劃。

## 溫度與濕度

保持紅眼樹蛙的籠舍處於溫暖狀態，白天時的理想溫度介於 75°F（24°C）到 85°F（29°C）之間，到了夜晚溫度應該要下降 5°F 至 10°F（3°C 至 6°C），若有加熱的需求，一個小型紅外線加熱燈泡（通常 15 至 60 瓦）就足夠了，如果底材是水苔或椰纖土，用爬蟲加熱墊黏在箱底是另一種替代方式。

每天加濕籠舍一次維持濕度，但要注意水不能太多，因為紅眼樹蛙不喜歡太潮濕的環境，輕微灑水在籠舍裡即可，讓水分在接下來的一兩個小時蒸發，提供暫時的加濕效果，如果樹蛙是養在濕度相當低的房間，則可能有必要每天加濕好幾次。理想的溼度範圍在 60% 至 90%，但有時在加濕過後會上升至 100%。

作者為黑眼樹蛙設計的生態缸，用來飼養紅眼樹蛙也行。

食物

　　紅眼樹蛙能接受以蟋蟀為主
的食物，餵食成體樹蛙每次二至
八隻蟋蟀，每週兩次，幼體樹蛙
在每天餵食的情況下發育最好，

但記住不要一次給予太多食物，否則小樹蛙會感到壓力。除了蟋蟀之外，還需要在菜單裡面加入其他昆蟲，飛行的蒼蠅是成體樹蛙的美味佳餚，大部分樹蛙也都能接受小蚯蚓或蠶寶寶，夜晚時裝在食盆裡給他們，蟑螂也可以作為日常食物，雖然紅眼樹蛙只接受大型種類的幼體。務必將食物沾滿維他命和鈣粉。

## 性別

　　紅眼樹蛙雌雄的體型差異讓分辨性別相對容易，成體雄蛙比雌蛙小，成熟雄蛙大約 2.0 至 2.4 英吋（5 至 6 公分），雌蛙 2.4 至 2.8 英吋（5.1 至 7.1 公分），更精確的方式是由聲音分辨，雄蛙在晚上時會鳴叫。另外，雄蛙在繁殖季時會發育出棕色的婚姻墊，很容易就能與雌蛙區別。

　　因為無法分辨幼蛙的性別，若你以繁殖為目標，但又只拿得到幼蛙，那麼最好購買多一點，確保最後至少能有一對，他們一年內就能成熟且有能力繁殖。

## 繁殖

　　如同大部分的樹蛙，野外的紅眼樹蛙會在一年之中最潮濕的時段繁殖，而潮濕的季節多半跟隨在又乾又冷的乾季之後而來，若要人工繁殖紅眼樹蛙，就必須重現這些條件。

　　首先從模擬乾季開始，白天溫度保持在涼爽的 70°F 至 80°F（21°C

至 27°C），濕度也要維持在
低檔，底材乾掉沒關係，但
仍需提供一個水盆確保樹蛙
不至於脫水，減少餵食的數
量和頻率也會有幫助，在他
們的原生地中美洲，乾季可
能會持續四個月甚至更久，
但人工繁殖紅眼樹蛙只需要
幾個星期的時間暴露在乾燥
涼爽的環境，就可以準備進
行繁殖了。

黃化的紅眼樹蛙全身
大部分是黃色，腹側
呈現紫色，有小量的
人工繁殖。

　　緊接在乾季之後，必須讓紅眼樹蛙重新暖
和起來，並且大量加濕、增加餵食頻率，雄蛙
會開始在高處鳴叫，如果餵食狀況良好，雌蛙將會產卵，此時就可以將
樹蛙們移動至雨屋。雨屋裡面必須有適合雌蛙產卵的闊葉植物，雌蛙一
個晚上可能會產下好幾窩卵，數量從僅僅十一顆到超過一百顆都有可
能，大多數時候會落在這兩個極端值中間。有時卵會產在雨屋的邊角而
沒有在葉子上，可以使用光滑、平整的塑膠物件，像是信用卡來移動他
們，也可以置之不理，只要底下有水能在蝌蚪孵化時接住他們就好。

　　連葉子一起剪下有卵的植物葉片，移動至一個獨立的容器，懸掛在

## 霸王硬上弓

紅眼樹蛙雄蛙有時會與未準備好繁殖的雌蛙抱接，這會
對雌蛙造成壓力，若你注意到雄蛙抱住雌蛙好幾天，卻沒有卵
產出，就要考慮將他們分離，若此行為重複發生，可能要將雌
雄蛙分開飼養。

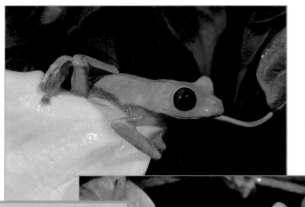

淺水上方數英时高，確保容器內的濕度相當高，卵才不會乾掉，或是你也可以將卵留在雨屋，孵化的蝌蚪就直接以底部的水來飼養。

大約在產卵後的一個星期，蝌蚪就會開始孵化，掉入下方的水里。使用沉水式加溫器將水溫穩定在 75°F（24°C）附近，

其他紅眼蛙數的物種偶爾會見到，A. saltator 是小型的物種，來自哥斯大黎加和尼加拉瓜，A. annae，也就是黃眼樹蛙，同樣原生於哥斯大黎加，而且野外的數量正在下降。

隨著蝌蚪長大，可以逐漸增加水深，當蝌蚪成長至一個星期大而且食慾良好的時候，可以將他們移動到另一個水族箱讓他們繼續成長，餵食熱帶魚薄片飼料的效果良好，但他們也會刮食自然生長在水族箱裡的藻類。

一到兩個月內，大部分蝌蚪應該要長出四肢，變態成一隻真正的樹蛙，為了避免他們溺水，可以在水裡面放幾塊漂浮的樹皮，或是種植挺水植物讓樹蛙有地方攀爬，新長成的小樹蛙會攀爬玻璃離開水面，這時可以將他們撈起來移入陸棲型的籠舍。將剛變態完成的幼蛙養在簡單的籠舍，包含沾濕的廚房紙巾當作底材或是不用底材、用來躲藏的盆栽以及一個淺水盆。幼蛙的食物主要由小蟋蟀組成，偶爾可以餵食殘翅果蠅，這個時期的小青蛙非常脆弱，在成熟之前死掉好幾隻並不令人意外，然而如果你是個用心的飼主，相信大多數的幼蛙都可以順利長大。

# 第八章

# 猴樹蛙，葉泡蛙屬
## (*Phyllomedusa*)

猴 樹蛙 (Monkey frog) 是最迷人的樹蛙之一，許多人因為猴樹蛙有趣的繁殖策略和鮮豔對比的顏色而選擇他們，葉泡蛙屬中有幾種易於飼養，其他種類則更具挑戰性，若對於如何飼養猴樹蛙能有正確的知識和了解，猴樹蛙將會是有經驗的飼主絕佳的選擇。

## 自然史

南美洲的葉泡蛙屬包含了全部樹蛙裡最詭異和獨特的適應演化，本屬共有二十七種，其中只有一種不是完全樹棲，其他種類成體後一輩子都住在樹上，包括繁殖。為了讓他們能在枝條間遊走，葉泡蛙屬的物種演化出靈長類一般，能夠對向抓握的大拇指，因而得名「猴樹蛙」。

葉泡蛙屬的外觀通常很有視覺衝擊性，許多種類有亮麗的色彩圖案藏在體側和腿內側，加上巨大的眼睛大得與頭部和身體不成比例。

葉泡蛙屬有個很有趣且相關研究最多的特色，就是他們皮膚腺體所分泌化學物質的多樣性，以及這些化學物質的功能，最值得注意的是多種特殊的胜肽（peptide）被發現是抗微生物劑，有些只有葉泡蛙屬能夠分泌。其他猴樹蛙分泌的化學物質則有不同作用，祕魯北部的土著有時會使用巨人猴樹蛙（*P. bicolor*）皮膚分泌的興奮劑（psychoactive），在打獵前提升感官敏銳度。

## 可取得的物種介紹

出現在寵物市場的猴樹蛙不多，大部分都是野外捕捉，並不怎麼適合人工飼養，近年來可以取得的物種有：巨人猴樹蛙（*P. bicolor*）、博麥斯特猴樹蛙（*P. burmeisteri*）、橙腿猴樹蛙（*P. hypochondrialis*）、蠟白猴樹蛙（*P. sauvagii*）、褐腹猴樹蛙（*P. tarsius*）、虎紋猴樹蛙（*P. tomopterna*）、白線猴樹蛙（*P. vaillanti*）。

猴樹蛙利用有對握能力的大拇指，手腳並用在樹枝間爬行，就像這隻橙腿猴樹蛙。

## 巨人猴樹蛙（Giant Monkey Frog）

　　葉泡蛙屬裡數量最多的就是巨人猴樹蛙，較小的雄蛙通常成熟的長度大約是 4 英吋（10.2 公分），而雌蛙可達 4.7 英吋（11.9 公分），他們具有碩大結實的外表，強壯的四肢還有寬厚的頭部，他們主要是綠色，除了環繞紅褐色腹部的大型白斑。巨人猴樹蛙廣泛分布在亞馬遜流域，他們大半輩子都住在高高的樹冠上。

巨人猴樹蛙棲息在亞馬遜森林的樹冠層，只有在繁殖的時候會下來。

　　寵物市場上出現的通常是雄蛙，在雨季下降至較低處要繁殖時被捕捉，偶爾也有雌蛙跟雄蛙一起被捉到。他們很能夠適應人工飼養，只需要有大型的籠舍和適當的馴化，但並不是個容易飼養的物種，因為他們的體型太大了。

## 博麥斯特猴樹蛙（Burmeister's Monkey Frog）

　　博麥斯特猴樹蛙是巴西東部的特有種，屬於中型的青蛙，最大長度

## 防水青蛙

除了興奮劑和抗微生物化學物質，許多葉泡蛙物種具有分泌蠟狀物質的腺體，這些蠟狀物質主要由脂質組成，天氣炎熱或乾燥時，猴樹蛙會將自己用這種物質包裹起來，成為一隻防水青蛙。

橙腿猴樹蛙與蠟白猴樹蛙是兩種相對強壯的青蛙，適合第一次養猴樹蛙的新手。

3.2 英吋（8.2 公分），跟其他猴樹蛙一樣背部是綠色的，體側有鮮明的黃色斑點或條紋，底色是深藍色，這樣的花紋延伸至手臂和後腿內側，博麥斯特猴樹蛙不常見於人工飼養，只有少數愛好者。

## 橙腿猴樹蛙（Orange-Legged Monkey Frog）

橙腿猴樹蛙是葉泡蛙屬裡較小的種類，長度介於 1.6 至 2.0 英吋（4 至 5 公分），雌蛙比雄蛙稍大一些，背部是綠色，一條白色側線從體側延伸，有時會環繞到臉部前方，四肢內側是對比的橘黑交錯線條，這種花紋一路延伸到體側，但通常樹蛙在白天睡覺時會把腳收攏，將花紋隱藏起來。

橙腿猴樹蛙在南美洲分布廣泛，佔據大部分的巴西，往北可達委內瑞拉，往南到阿根廷，他們不像那些大型的葉泡蛙物種棲息在樹冠，而是棲息在長草、灌叢和低矮的植被。本種分為兩個亞種，各自來自不同的地理區域，*P. hypochondrialis azurea* 居住在炎熱乾旱的南美洲大查科平原（Gran Chaco），而 *P. hypochondrialis hypochondrialis* 則棲息在亞馬遜較潮溼的區域。橙腿猴樹蛙在人工飼養環境下非常強韌，同時應該也是寵物市場最常見的猴樹蛙。

## 蠟白猴樹蛙（Waxy Monkey Frog）

蠟白猴樹蛙又叫做查科猴樹蛙（Chacoan monkey frog），極度適應阿根廷、巴西、玻利維亞和巴拉圭的乾旱環境，雄蛙最長 2.8 英吋（7.1 公分），雌蛙比較大，可達 3.3 英吋（8.2 公分）。他們主要是淺綠色，有一條白色細線環繞下唇，延伸到體側，腹部表面常見粗厚的白色斑紋。

蠟白猴樹蛙身體看起來矮壯厚實，兩

虎紋猴樹蛙生存在整個亞馬遜流域。

條耳後腺（parotid）從頭上突出，頭部看起來太小了，配上強壯的身體很不協調。蠟白猴樹蛙用一種蠟狀的物質將自己包裹起來，防止在乾旱的環境水分散失太快，也因而得名，此外，他們為了抵抗寒冷乾燥的嚴酷環境，可以持續幾個月不吃東西，只要維持良好健康以及滿足幾個基本需求，他們就能在人工環境活得很好。

## 褐腹猴樹蛙（Brown-Bellied Monkey Frog）

褐腹猴樹蛙可以長很大，體長介於 3.2 至 4.4 英吋（8.1 至 11.2 公分），可以在巴西、哥倫比亞、厄瓜多和委內瑞拉的雨林裡找到他們。褐腹猴樹蛙主要是綠色，後腿和背部具有淺色的突起或小瘤，讓皮膚呈現粗糙的質地，他們在寵物市場不常見，就算真的有，他們從南美洲長途跋涉而來之後狀況通常也不太好，因此褐腹猴樹蛙只適合有經驗的飼主。

## 虎紋猴樹蛙（Tiger-Legged Monkey Frog）

虎紋猴樹蛙是種中小型的葉泡蛙，成熟的雄蛙體長 1.6 至 1.9 英吋（4.0 至 4.8 公分），雌蛙比較大，介於 2.0 至 2.3 英吋（5.2 至 5.9 公分）。與其他猴樹蛙相同，他們的背部是綠色，有助於融入他們白天睡覺時的葉子，引人注目的橘色和黑色線條藏在體側和四肢內側，在青蛙醒著和活動的時候可以看到這些線條，俗名虎紋猴樹蛙和條紋猴樹蛙都是指 *P. tomopterna*。

猴樹蛙，葉泡蛙屬　**85**

他們廣泛分布於整個亞馬遜，大部分在巴西北部和其他周邊國家，虎紋猴樹蛙大多數時間都高高在樹上，人工飼養下，他們一旦馴化就能適應良好，但進口的個體通常狀況很差，在馴化的初期需要特別悉心照料。

### 白線猴樹蛙（White-Lined Monkey Frog）

蠟白猴樹蛙具有大型的耳後腺，雖然所有物種都會分泌毒素。

白線猴樹蛙體長介於 2.0 至 3.3 英吋（5.0 至 8.4 公分），白線猴樹蛙主要是綠色，身體有許多稜角，兩條由白點組成的線條從頭部延伸到背部，更強調了身上的稜線，腹側有黃色斑塊，環繞整個腹部。跟褐腹猴樹蛙一樣，白線猴樹蛙具有粗糙的皮膚，四肢上有肉瘤覆蓋。野外捕捉的個體不容易取得，而且需要花費大量心血照顧他們，因為就像其他猴樹蛙一樣，白線猴樹蛙在馴化期間非常敏感。

## 入手管道

永遠都以人工繁殖的樹蛙為優先考量，省去馴化野生個體的麻煩，蠟白猴樹蛙和橙腿猴樹蛙的人工繁殖數量比其他種類多，有機會可以從貿易商和繁殖者購得，虎紋猴樹蛙較少見人工繁殖，博麥斯特猴樹蛙只有在最近才有人工繁殖個體出現，但仍然稀少，其餘三種猴樹蛙很少有人繁殖，野外捕捉的個體是唯一選擇。

野外捕捉的猴樹蛙從原生地運送來，通常已經不成蛙型了，嚴重地受壓迫加上寄生蟲感染，以及各種傷口，像是嘴部的潰傷，細菌感染也不在少數，必須要小心謹慎地監控野外捕捉個體，將他們放置在大型、通風良好又衛生的環境，帶去給有能力治療樹蛙疾病的獸醫檢查。壓力是剛進口的樹蛙常見的問題，因此不要讓新進的樹蛙與已經穩定的寵物青蛙接觸。

## 尋找猴樹蛙

可能很難在寵物店或零售商找到猴樹蛙，通常搜尋網路上的貿易商或繁殖者會比較容易，或是去當地的爬蟲展找找。

## 籠舍

小型的種類，例如橙腿猴樹蛙，可以養在加有紗網蓋的水族箱，一個10至20加侖（38至76公升）的水族箱就可以容納多隻樹蛙，大型的樹蛙需要的空間更多，以最大的巨人猴樹蛙來說，需要長寬高各好幾英呎（1公尺以上）大小的籠舍。

通風是飼養猴樹蛙的關鍵，猴樹蛙棲息在高高的樹上，長時間暴露在流動的空氣中，用紗網當蓋子可以模擬這樣的條件，更好的方法是購買或自己做一個頂部和側邊都有通風的箱子，以求獲得最大的通風量，網籠也可以用來飼養猴樹蛙，但要注意材質不會刮傷他們。

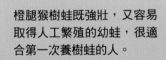
橙腿猴樹蛙既強壯，又容易取得人工繁殖的幼蛙，很適合第一次養樹蛙的人。

籠舍裡擺放的底材和家具不需太複雜，簡單的底材像是廚房紙巾或泡棉橡膠都很好用，不使用底材也是一個方法，椰纖土和水苔可以提供一個更自然的風貌，也比較適合那些來自潮濕區域的物種。

在籠舍裡提供具有大量葉片的盆栽植物，這對於白天在葉片上休息的樹蛙尤其重要，例如虎紋猴樹蛙和白線猴樹蛙，堅固的攀爬用樹枝也是必需品，尤其對於巨人猴樹蛙和蠟白猴樹蛙，他們不常待在葉子上，而是喜歡坐在枝條上，塑膠水管是個堅固又容易清潔的選擇，樹皮和漂流木也同樣好用。永遠都要在籠舍裡放置一個淺水盆，樹蛙才不會乾掉。

### 溫度與濕度

每種猴樹蛙的溫度需求不盡相同，蠟白猴樹蛙和查科橙腿猴樹蛙（*P. hypochondrialis azurea*）棲息在南美洲炎熱的大查科地區，以這兩種猴樹蛙來說，籠舍的一部分白天需要達到 90°F 至 95°F（32°C 至 35°C），其餘大約維持 80°F（27°C），可以採用白熾燈泡加熱籠舍的一頭，直接創造溫暖的條件，入夜後燈泡必須關閉，讓溫度下降至 70°F（21°C）為佳。

本章所討論的其他種猴樹蛙分布在南美洲的其他部分，並不會經歷如此劇烈的溫度變化，他們適合的溫度在白天 75°F 至 82°F（24°C 至 28°C），夜晚則稍稍降溫。

大部分猴樹蛙應該要飼養在相對較潮濕的環境，每天一到兩次加濕環境有助於維持高濕度環境，但要小心別加太多水，免得籠舍淹水。蠟白猴樹蛙和查科橙腿猴樹蛙棲息在南美洲較乾旱的地區，因此應該要保持環境乾燥，除了誘導繁殖之外，偶爾加濕即可。

## 飲食

較大型的猴樹蛙能夠以成體蟋蟀和蟑螂為主食，偶爾提供蛾類或其他大型獵物來增加菜色豐富度。小型猴樹蛙不足以吞下成體蟑螂，但可以接受蟋蟀，三不五時提供一些蚯蚓、蒼蠅、蛾類和其他飛蟲來增加變化。幼體樹蛙應該每天少量餵食，成體樹蛙最好每二至五天餵食一次，配合高品質維他命和鈣粉確保青蛙們能得到充足的營養。

## 繁殖

僅有兩種猴樹蛙有少量人工繁殖，其他種類只有當野外捉來的配對

## 橙腿猴樹蛙的老家

橙腿猴樹蛙在南美洲廣泛分布，在乾旱環境和潮濕的雨林都有族群存在，搞清楚你的青蛙來自哪裡、屬於哪個亞種相當重要，來自大查科區域的查科橙腿猴樹蛙（*azurea*）需要飼養在乾燥的環境，而來自亞馬遜的橙腿猴樹蛙（*hypochondrialis*）偏好比較溼冷的環境。

已經進入繁殖階段，再將他們直接放進雨屋裡，才得以繁殖，某種程度來說，這些物種缺乏人工繁殖可能是因為馴化良好的健康個體不易取得。

人工繁殖最多的兩種猴樹蛙來自乾旱的大查科地區：蠟白猴樹蛙和查科橙腿猴樹蛙，在亞馬遜的猴樹蛙之中，橙腿猴樹蛙和虎紋猴樹蛙最常人工繁殖。

### 性別

成體猴樹蛙非常容易分辨性別，因為雄蛙通常比雌蛙小，繁殖季捕捉到的雄蛙通常在前腳底部具有深色、粗糙的婚姻墊，另外，長時間鳴叫的雄蛙通常具有更深色的喉嚨，野外捕捉到的大部分都是下降到較低處要

## 神秘的猴樹蛙

**巨人猴樹蛙很難繁殖，就連暴露在高強度的循環，其他種類早就生一大堆的條件下，也沒辦法成功，這代表我們可能忽略了什麼，對於某些繁殖行為的環節尚未釐清，留下大量的空間給未來的繁殖者去嘗試。**

繁殖的雄蛙，有時要找到雌蛙也是個難題。

### 調理（Conditioning）

　　要繁殖猴樹蛙一樣要重現乾濕季的交替，藉由持續數週停止加濕籠舍，讓溼度降低來模擬乾季，蠟白猴樹蛙和查科橙腿猴樹蛙通常已經養在乾燥環境了，因此對此兩種只需要稍微降低溫度，持續數週就可以讓他們進入繁殖模式。在人工的乾季過後，就必須提升溫度和濕度，並且大量餵食青蛙多樣的食物。

　　一旦雄蛙開始鳴叫，雌蛙也變胖之後，就可以將他們移置雨屋裡，小型物種不需要太大的雨屋，15 至 20 加侖（57 至 76 公升）的水族箱就足夠，越大型的猴樹蛙雨屋也要跟著加大，例如改裝的淋浴間，或是大型的垂直水族箱，設置一個水泵浦用來驅動噴霧管，每天下午和晚上運作一段時間。如果一切進展順利，雄蛙會與雌蛙抱接，如果雌蛙還沒準備好繁殖或是還沒有卵，雄蛙會騎在雌蛙背上持續抱接好幾天，卻沒有成功繁殖，如果抱接幾天之後還是沒有產卵，先暫時將他們分離幾個星期，大量餵食之後，

巴拉圭的蠟白猴樹蛙雄蛙正在鳴叫，本種已有人工繁殖成功。

正在抱接中的白線猴樹蛙，本種的繁殖很具有挑戰性。

再重新放進雨屋。

野生的猴樹蛙會將他們的卵用植物葉片包裹起來、懸掛在水上，因此在雨屋裡必須提供適合的植物，查科橙腿猴樹蛙會利用黃金葛（*Scindapsus* sp.）和小型蔓綠絨（philodendron）包裹他們的卵，若是大型的種類就需要更大的葉片。每種猴樹蛙的產卵數量也不同，從最少的數十顆卵（*P. hypochondrialis*）到多於一千顆卵都有（*P. bicolor*），將被產卵的葉子放到獨立的箱子裡，懸掛在水面上，與紅眼樹蛙的方式大致相同，最重要的是保持箱子裡的高濕度，避免蛙卵乾掉。

當蝌蚪破卵而出時會直接掉進下方的水裡，開始他們的水中生活，本書的繁殖章節已經介紹過如何照顧蝌蚪。用沉水加溫器把水加熱至大約 78°F（26°C），猴樹蛙在此溫度下通常一到兩個月就會變態，但每個物種需要的時間不同。剛變態完成的小青蛙非常脆弱，照顧方式與成體樹蛙類似，只是需要更頻繁餵食，並且養在小小的空間，這樣他們比較容易找到食物。

# 第九章

# 白氏樹蛙
# （White's tree frog）

最適合當作寵物的樹蛙或許就是白氏樹蛙了（Litoria caerulea），這種健壯的澳洲原生樹蛙是寵物店的固定班底，理由很充分，他們是很棒的寵物青蛙，對新手飼主來說他們夠強韌，不管任何人，甚至是專業玩家都能從中得到樂趣，白氏樹蛙也是少數幾種有穩定的人工繁殖個體的樹蛙，而且很多不同管道都有穩定的來源，讓他們更適合作為寵物飼養。

## 介紹

成體白氏樹蛙長很大，體長可達 3.9 英吋（10 公分），他們非常結實，有著強壯、厚實的四肢，用來移動他們渾圓厚重的身軀，他們的顏色變化不多，少有不同的花紋或斑點，背部從綠色到棕色、藍綠色都有，根據身處的環境條件還有青蛙的來源而有所不同。有些白氏樹蛙身上會散布一些白色或淡黃色斑點，寵物市場上的白氏樹蛙主要有兩個品系，看起來偏藍色或藍綠色的來自澳洲，另一種來自印尼的比較偏淺綠色。

澳洲的白氏樹蛙常帶有藍色。

### 此白非彼白

*L. caerulea* 除了叫白氏樹蛙之外，也常常被稱做矮胖樹蛙（Dumpy tree frog）或綠樹蛙（Green tree frog）。一個常見的誤解是「白氏樹蛙」與他們的顏色有關，但事實上「白」是指最初描述此物種的人，約翰·懷特（John ”White”）。

## 自然史

白氏樹蛙屬於雨濱蛙屬（*Litoria*），本屬共有一百三十種，原生於澳洲、印尼及附近的其他島嶼，白氏樹蛙分布範圍很廣，涵蓋澳洲東北半部，擴散出去的族群也棲息在新幾內亞和印尼，在很多種棲地都能找到他們，從森林到草原、甚至都市地區，目前知道他們可以住在花園、水塔、浴室，甚至郵箱裡。

## 飼養照護

白氏樹蛙是最強韌的樹蛙之一，

他們能夠適應各種飼養環境，因此很適合第一次接觸的新手。

## 入手管道

　　許多地方都能購買白氏樹蛙，不論是人工繁殖出來的小青蛙或是野外捕捉的成體都很容易找到，盡可能選擇人工繁殖個體，雖然通常比較貴，但是一般來說健康狀況會比野外個體好很多。寵物店常態性地展示白氏樹蛙，是一個良好的管道，因為你有機會在決定購買之前近距離檢視，你也可以輕易地在爬蟲展找到白氏樹蛙，或是搜尋網路上的賣家。

## 籠舍

　　標準 20 至 30 加侖（76 至 114 公升）的水族箱就足夠容納一對或三隻白氏樹蛙，雖然白天時他們都呈現無精打采、昏昏欲睡的樣子，但到了晚上，他們就會遊走於籠舍裡的每個角落。幼體樹蛙可以養在小一點 5 至 10 加侖（19 至 39 公升）的水族箱，直到他們長得夠大再搬家，記得要用紗網將頂部蓋住，提供足夠的通風，塑膠整理箱可以做為水族箱的替代品，只需要稍加改造提升通風性。

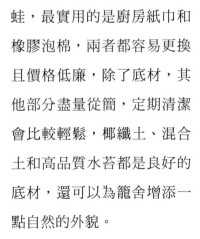

澳洲卡卡杜國家公園，一隻白氏樹蛙從樹洞探出來。

　　許多種底材都適合用來飼養白氏樹蛙，最實用的是廚房紙巾和橡膠泡棉，兩者都容易更換且價格低廉，除了底材，其他部分盡量從簡，定期清潔會比較輕鬆，椰纖土、混合土和高品質水苔都是良好的底材，還可以為籠舍增添一點自然的外貌。

除了底材之外還必須要有其他家具，漂流木和樹皮可以斜放靠在籠子邊，提供躲藏的區域，人造植物也可以用來提供遮蔽及攀爬的地方，最後一項關鍵是必須有個大水盆，讓樹蛙可以在裡面浸泡保持濕潤，必須每天換水。

### 溫度與濕度

白氏樹蛙其中一項優點就是他們可以容忍的溫度範圍很廣，籠舍內理想的溫度範圍在 75°F 至 85°F（24°C 至 29°C），夜晚稍微下降一點，就算超出此溫度範圍，他們也能夠容忍，偶爾太冷或太熱不會有什麼問題，如果有必要加熱，可以在籠舍的一端安裝小型紅外線燈炮，除了提供熱源，也讓你在晚上可以在不干擾牠們的情況下觀察。

白氏樹蛙原生於澳洲的草原和樹林區域，他們不需要持續的高濕度，反而需要中等濕度，剛好一般居家的溼度就很適合他們，比較乾燥的日子可以加濕他們的籠舍，暫時提高濕度，加濕後讓籠舍保持潮濕，但不能讓底材整個泡水。

### 飲食

白氏樹蛙食量驚人，而且隨時準備好大吃一頓，看著他們貪婪地把食物往肚子裡吞是

白氏樹蛙可以用生態缸養得很好，但要注意他們會踩壞脆弱的植物。

白氏樹蛙是貪婪的掠食者，他們會吃掉任何塞得進嘴巴的東西，例如圖中的小蛇。

件很療癒的事，你以為自己養的是隻可愛小青蛙，搖身一變成為黏呼呼的掠食者，在籠子裡撲向倒楣的昆蟲們。他們應該要以蟋蟀當作主食，成體樹蛙需要每週兩次共六隻蟋蟀，多一點少一點沒關係，幼體樹蛙需要每天餵食。

除了蟋蟀，可以在菜單裡加入蟑螂、蛾類、蒼蠅、大麥蟲、蠟蟲、蠶寶寶和蚯蚓，成體樹蛙可以接受乳鼠，但不可多量，將食物沾上高品質鈣粉和維他命，對於成長中的幼體樹蛙尤其重要，幾乎每次餵食都要將食物沾粉。

## 繁殖

若有經過正確的調理，白氏樹蛙相對容易繁殖，他們適合做為第一次的繁殖計畫，但是要準備好面對單一次繁殖產出的上千隻蝌蚪。

### 性別

白氏樹蛙不如其他樹蛙容易辨認性別，有時可以觀察到成體雌雄之間些微的體型差距，雌蛙會比雄蛙稍大一點點，但並不一定看得到差異，因此必須依靠其他線索，長時間鳴叫的雄蛙喉嚨比較深色，另外，處於繁殖狀態的雄蛙會有深色的婚姻墊在大拇指底部，如果看到婚姻墊，那就百分之百確定是雄蛙。

雌雄白氏樹蛙都會鳴叫，與其他常見的種類不同，會叫的青蛙不一定是雄性，雌蛙通常會鳴叫回應雄蛙，鳴叫的時間短很多，觀察牠們鳴叫時的行為應該就能分辨雌雄，雄蛙會高高地在樹枝上大聲鳴叫展演，而雌蛙比較害羞，不是沉默就是發出幾聲呱呱回應。

## 調理

白氏樹蛙需要有正確的調理才能進行人工繁殖，這段期間可能造成壓力，因此要確保只有健康、體重達標的樹蛙能進行繁殖，從降溫開始，讓籠舍的溫度不超過 70°F（21°C），同時也讓濕度下降，但仍要保有一個水盆讓樹蛙保持濕潤，這段期間減少餵食量，甚至完全停止，模擬冬天的到來。

如果你住在溫帶地區，可以很簡單地在冬天時當家裡變冷，空氣也變乾的時候調理樹蛙，也可以用涼爽的地下室來調理樹蛙，人工冬天應該持續六個星期或更長一點，過後就可以慢慢增加回原先的溫度，並回復餵食頻率。

## 雨屋

一旦樹蛙們暴露在正常的環境之後，開始增加加濕的頻率，另外還必須加重餵食，如果一切順利，雄蛙會開始在晚上鳴叫，有興趣的雌蛙會輕柔地回應，此時就能將青蛙們移動到雨屋裡，雨屋的底部要有數英吋的水、放幾塊樹皮漂浮在水上，以及一些水生植物，另外放置一塊大的漂流木突出水面，提供樹蛙攀爬的地方。

使用沉水加溫器讓雨屋的水溫維持在比較高溫，大約 85°F（29°C），用來驅動雨淋管的水泵浦要讓它在白天和晚上分別定時運作，在雨屋裡也要持續大量餵食，但要記得移除死掉

### 哀嚎

不管雄蛙或雌蛙，在受到威脅時都會發出緊迫聲（distress call），例如被把玩或是被干擾，不要跟一般的鳴叫搞混，緊迫聲不能拿來分辨性別。

的昆蟲，保持水質乾淨。繁殖行為通常在晚上發生，會有上千顆卵產在水面，在接下來的幾天慢慢沉到底部。

白氏樹蛙強壯又容易繁殖，因此很適合青蛙繁殖新手。

## 卵與蝌蚪照護

卵可以放在雨屋底部的水裡讓他孵化，如果雨屋夠大，而裡面只有幾百隻蝌蚪，可以直接在雨屋裡飼養直到他們變態，如果蝌蚪太多最好將他們移動到大水族箱或塑膠整理箱。將水溫維持在 80°F 至 85°F（27°C 至 29°C）之間，用高品質薄片魚飼料餵食。

在此溫度下蝌蚪會在四到六週之間變態，一旦他們長出前腳，成為有尾巴的青蛙，就有溺水的可能性，此時要提供漂浮植物、樹皮、或是突出水面的石頭，讓小青蛙可以攀爬上去。接著就可以將小白氏樹蛙移動到簡單的籠舍，裸底或是用廚房紙巾作為底材、幾個活體或人造植物以及一個淺水盆。在尾巴吸收之後的幾天開始每天餵食，剛開始先餵食小蟋蟀，等他們稍微長大一點後，就可以給予蒼蠅和其他食物來增加變化。

## 二系血統

盡量不要讓藍綠色的澳洲系群與較常見的綠色印尼系群互相雜交，以保存兩個不同的血統。

第十章

# 其他樹蛙

世界樹蛙超過一千種,除了先前章節提到的幾種樹蛙,寵物市場上還出現其他種類不令人意外,雖然不可能用一本書的篇幅介紹完所有的樹蛙,但本章將會簡短介紹幾種比較常見的寵物樹蛙。

# 古巴樹蛙（Cuban Tree Frog）

古巴樹蛙（*Osteopilus septentrionalis*）是北美洲最大型的樹蛙，雌蛙最大有 5.0 英吋的紀錄（12.7 公分），雄蛙普遍比較小，僅僅 1.5 英吋（3.8 公分）就是成熟的體型了。古巴樹蛙的顏色變異很大，而且他們有能力在白色、棕黃色、綠色之間變換，取決於當時所處的環境，身上常有斑點或塊狀紋路，雖然當他們顏色很淺或很深的時候看起來不明顯。

古巴樹蛙是種強壯結實的青蛙，有能力捕捉並吃掉小型哺乳類、鳥類和其他青蛙。

## 自然史

古巴樹蛙能夠適應多樣的環境，各種不同的棲地都可以發現他們，只要有水源和溫度夠暖，他們就能成長茁壯，這對於作為寵物青蛙是一大優點，但意外釋出的古巴樹蛙也造成原生青蛙的麻煩。

### 管好你的青蛙

若你決定要養 古巴樹蛙，剛好又住在適合他們棲息的環境，必須非常小心別讓任何一隻跑出去，甚至建議你考慮改養別種青蛙，避免任何意外發生。

他們原生於古巴和周邊島嶼，但現在佛羅里達、喬治亞南部、夏威夷，甚至哥斯大黎加都能找到他們，想必還有其他曾引進古巴樹蛙的地區也遭殃，原生兩棲類會受到劇烈衝擊。古巴樹蛙喜歡吃其他青蛙，甚至會吃比自己小的同類。他們還會分泌一種毒液抵抗普通的掠食者，完全破壞受侵略地的生態平衡，是巨大憂患。

照護

在人工環境下，古巴樹蛙非常強韌又好養，是作為第一隻樹蛙的好選擇。古巴樹蛙速度很快，可能有些神經質，但他們不需要什麼特別的照顧，雖然可以群體飼養體型相近的古巴樹蛙，但不可將他們與其他青蛙混養，因為他們皮膚有毒液，也有同類相食的行為。

**入手管道** 寵物市場上全部的古巴樹蛙都是野外捕捉的，由於他們便宜又常見，因此通常不會受到良好對待，他們天生喜歡跳躍，也代表當被關在小籠子裡時，常會為了逃走而撞傷，挑選時要仔細檢查他有無受傷，略過那些趴在地上睡覺或是行為怪異的個體。

**籠舍** 古巴樹蛙的籠舍不需要複雜的設置，他們又大又強壯，可能會踩壞小植物或家具，因此只需要堅固的棲木和休息點，簡單、衛生的籠舍效果最好。

標準 20 加侖（76 公升）水族箱足夠容納一小群古巴樹蛙，我不建議以小型籠舍為永久居所，因為他們個性容易緊張，活動力又強。也可以用塑膠整理箱，側邊和頂部鑽出通風孔。將箱子的三邊用背景貼起來，讓裡面的青蛙比較有安全感。

沾濕廚房紙巾和橡膠泡棉是良好的底材，若要看起來比較自然，可以用水苔或椰纖土，籠舍裡面擺放一些漂流木或樹皮當作棲木，到了晚上樹蛙就會攀爬上去，另外也可以放置人造植物，提供躲藏區域和額外的攀爬表面，強韌的活體植物也可以種在籠舍裡面，例如黃金

**骯髒的青蛙**

古巴樹蛙體型大，因此會比較髒，你的首要任務就是設計一個易於清潔的籠舍。

## 好多名字

*T. resinifictrix* 除了俗名亞馬遜牛奶蛙，常會以其他名字販售，例如牛奶樹蛙 (milky tree frog)、巴西洞穴蛙 (Brazilian cave frog) 和貓熊樹蛙 (panda bear tree frog)，更複雜的是，之前亞馬遜牛奶蛙被分類到 *Phrynohyas*，直到最近才變成 *Trachycephalus*，*Trachycephalus* 底下只有十種，全部都原生於中南美洲。

葛，有足夠支撐性的葉片，但要用盆栽裝著，與籠舍內的土壤分離，這樣在清潔時可以省去很多麻煩。

必須有個大水盆讓古巴樹蛙可以泡在裡面，他們每天晚上都會去泡澡，因此要在隔天早上換水清潔，避免排泄物堆積。

古巴樹蛙喜歡溫暖的環境，理想的白天溫度範圍在 78°F 至 88°F（26°C 至 31°C），晚上溫度可以下降 5°F 至 10°F（3°C 至 6°C），另外也要每天加濕一次籠舍維持高濕度，必要時減少通風。

**飲食** 古巴樹蛙龐大的胃口和衝勁十足的餵食反應總是讓人樂在其中，他們會吃掉任何會動而且塞得進嘴巴的東西，包括其他青蛙和小蜥蜴，人工飼養下，以蟋蟀或蟑螂為主食才是健康的菜單，每兩天餵食少量蟋蟀和蟑螂，蠟蟲、大麥蟲、蠶寶寶和乳鼠可以偶爾拿來加菜，營養補充也很重要，使用正確的鈣粉和維他命補充，確保樹蛙獲得完善的營養。

## 繁殖

很少有人繁殖古巴樹蛙，最大的原因就是他們在大部分地方都是入侵種，而且就算大量捕捉也不會對原生族群有任何負面影響，已經有太多古巴樹蛙出現在他們不應該出現的地方，因而成為少數幾種我不鼓勵嘗試繁殖的物種。

亞馬遜牛奶蛙和其他 *Trachycephalus* 都是高度樹棲型物種，甚至連繁殖都在樹冠層的樹洞裡。

在野外，古巴樹蛙的繁殖能力驚人，單一隻雌蛙每窩可以生產幾千顆卵，她接著會將卵分散到水面各處，蝌蚪是肉食性，除了會自相殘殺，也會吃藻類和其他植物，一個月內就可以變態。

## 亞馬遜牛奶蛙（Amazonian Milk Frog）

亞馬遜牛奶蛙（*Trachycephalus resinifictrix*）棲息在樹冠層，廣泛分布在亞馬遜，從厄瓜多和秘魯，往東到巴西，往北到法屬圭亞那和委內瑞拉。他們很少、幾乎不會下到地面，甚至連繁殖都在儲水的樹洞進行，雄蛙在他們樹上的世界要捍衛一大片領地，在樹洞裡大聲鳴叫，德爾曼曾紀錄他們的族群密度極低，每 20 至 25 公頃，那麼大的一片區域只住一隻雄蛙。

亞馬遜牛奶蛙雄蛙大約 2.5 英吋（6.4 公分），雌蛙長得比較大，介於 3.5 至 4.0 英吋（8.9 至 10.2 公分）之間，他們具有非常大的腳趾吸盤和強壯的四肢，有助於在樹木間遊走，頭部看起來鈍而圓滑，頂部有兩顆大大的亮橘色眼睛。幼體身上是白色和煤炭灰的線條交錯，在四肢部分有鮮明的兩個顏色線條交錯，背部和頭部的花紋比較鬆散，長大以後隨著白色變深、灰色變淺，這種鮮明的對比就消失了，另外，他們的皮膚也會變得粗糙，最後由小突起覆蓋，成體的顏色比較均勻，大部分呈現灰褐色，仍可看的到淡淡的線條，尤其是在四肢上，有時條紋會破碎成斑點或漩渦狀，棕褐色的小斑點覆蓋在灰色和棕色上，

形成錯綜複雜的圖案。

## 照護

　　亞馬遜牛奶蛙直到最近才變得普遍，他們很適應人工飼養，是很棒的寵物，不僅外貌吸引人，而且又容易照顧，作者和另一位經驗豐富的兩棲類飼育家丹堤・菲諾利歐，曾經將牛奶蛙比做白氏樹蛙的飼養需求，眾所皆知白氏樹蛙就是以簡單好養出了名。幾乎所有出現在寵物市場上的亞馬遜牛奶蛙都是人工繁殖出來的，因此不用花費太多力氣就能找到健康的個體。

　　亞馬遜牛奶蛙可以從各種管道購得，他們不像其他常見的樹蛙在寵物店裡都有，最好的取得方式是搜尋網路上的兩棲爬蟲貿易商，或是當地的兩棲爬蟲展。

　　標準 20 至 30 加侖（76 至 113.5 公升）的水族箱，裝上紗網蓋子，就足夠裝進三隻成體牛奶蛙，亞馬遜牛奶蛙是高度樹棲的物種，因此選擇一個有高度的籠舍，讓他們有充裕的空間攀爬相當重要。小樹蛙要養在小籠子，像是一個 10 加侖（38 公升）水族箱、相同大小的塑膠盒、整理箱都很適合，小樹蛙在小空間裡比較容易找到食物，等長大後再升級成大房子。

　　可用底材包括廚房紙巾、橡膠泡棉、椰纖土、高品質水苔，後兩者可讓環境比較美觀，或裸底也行，亞馬遜牛奶蛙棲息在南美洲雨林裡的樹冠層，大部分時間躲藏在樹洞裡面，雖然飼養時沒必要複製這

牛奶蛙受攻擊時會分泌大量乳白色的毒液，因而得名，圖中是 *T. venulosus*。

亞馬遜牛奶蛙幼體（上）具有引人注目的高對比色和花紋，成體（下）則無，但有些成蛙仍會保留一些小時候的顏色。

樣的環境，但提供他們人工樹洞也能為整體增添風味，樹皮管是一種提供躲藏處的簡單方式，若能接受犧牲一點自然度，可以用更易於清潔又實用的PVC水管。

穩固的活體或人造植物可以用來提供遮蔽，除了植物，也要提供幾塊漂流木或樹皮當作棲木和遮蔽物，最後再加入一個大水盆就完成了。

**溫度與濕度** 亞馬遜牛奶蛙日間適合的溫度介於 75°F 至 85°F（24°C 至 29°C），夜間稍微降低幾度，他們可以忍受此範圍之外的溫度，但就像大部分的樹蛙一樣，不可有突然間劇烈的溫度變化。雖然他們來自熱帶地區，但飼養時似乎不需要高濕度就能活得很好，而且他們可以適應各種濕度條件，每週用水加濕籠舍數次，有助於保持底材濕潤，暫時性地提高濕度。

**菜單** 亞馬遜牛奶蛙是種大型樹蛙，胃口也大，他們能接受常見的活餌，像是蟋蟀、蟑螂、蠶寶寶、蚯蚓和蛾類，成體樹蛙也能吃乳鼠。主食應以蟋蟀為主，三不五時加入其他種食物，成蛙需要每週餵食兩次，幼蛙則盡可能每天餵食，跟其他樹蛙一樣，亞馬遜牛奶蛙是夜行性動物，因此應該在他們活躍的晚上餵食。

## 繁殖

目前知道野外的亞馬遜牛奶蛙只會在樹洞裡繁殖，雄蛙在雨季的夜晚努力不懈地鳴叫，是為了吸引配偶同時也捍衛地盤，雌蛙會加入成功雄蛙的儲水樹洞，在裡面進行繁殖，每窩的大小從一百顆到超過一千顆卵都有。蝌蚪在樹洞裡長大，主要以媽媽的卵為食，蛙媽媽在雨季時會多次產卵，樹洞裡的碎屑和藻類也是食物來源之一，兩個月後蝌蚪就會變態完成，爬出樹洞開始他們的樹棲生活，一輩子都不會接觸地面。

若要人工繁殖亞馬遜牛奶蛙，必須要複製他們在野外會經歷的條件，雨季和樹洞是兩大重點，在寫作本文的當下，牛奶蛙的來源只有幾處而已，因此人工繁殖還不普遍，他們巧妙的繁殖策略促使很多人嘗試去繁殖，進而讓牛奶蛙更加普遍。

**性別** 體型是最容易區分性別的方法，雄蛙明顯小於雌蛙，另外雄蛙會在晚上大聲鳴叫，因此若看到在鳴叫的肯定就是雄蛙，跟其他樹蛙一樣，繁殖季時大姆指底部的婚姻墊會變得很明顯，是另一個可靠的辨別方法，幼蛙則沒辦法分辨性別。

**雨屋及人造樹洞** 亞馬遜牛奶蛙所用的雨屋跟其他樹蛙用的有些不同，不是在箱子底部積水，而是在雨屋裡放置一個水

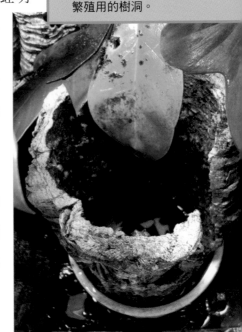

樹皮管塞進水盆裡，就可以當作亞馬遜牛奶蛙繁殖用的樹洞。

槽，在裡面安裝水泵浦和加溫器，這樣就可以限制流入人造樹洞中的水量。

另一個方法是建造一個假底部，參考居住的章節有關於假底部的說明，利用這個小技巧將地板抬升至水面之上，下方就可以放置水

泵浦和加溫器，地板必須剛好貼合雨屋的四邊，樹蛙才不會爬到下面，假地板上方不需要鋪底材。

牛奶蛙需要有個可儲水的樹洞來繁殖，首次成功繁殖在 1996 年，由一個兩棲類研究團隊完成，他們採用一個小塑膠盒當作樹洞，塑膠盒的頂部挖一個洞，讓樹蛙可以進出，另外在側邊也要開一個小洞，讓多餘的水可以流出去。

另一種人造樹洞可以用樹皮管和水盆當材料，將樹皮管的一端塞進適當直徑的水盆裡，在水盆裡倒入數英吋深的水，就會得到一個圓柱形的樹洞，這種形式的樹洞常用來繁殖棘冠樹蛙（Anotheca spinosa），牛奶蛙應該也適用。另外還有很多種人造樹洞的做法，值得你花時間開發出自己的方法，有時繁殖狀態的亞馬遜牛奶蛙會直接產卵在雨屋的水盆裡，因此樹洞不一定是必需品，可以試試你的青蛙是否能接受這種簡陋的設置。

---

譯註：Crowned tree frog（Anotheca spinosa），科博館的科普文章將他翻譯為「棘無囊蛙」，另一篇碩士論文也採用相同譯名。但在分類上有「囊蛙屬」，特色是雌蛙背部有育兒袋的構造，會把卵放進去孵化，以此邏輯來說，除了囊蛙以外的其他青蛙應該都是無囊蛙，而且此蛙屬於樹蟾科，名字裡應該要有樹蛙。故綜合Crowned tree frog 和另一個俗名Spiny-headed tree frog，翻譯成「棘冠樹蛙」。

## 適合生態缸的青蛙

小丑樹蛙和大理石樹蛙嬌小的身形與高濕度需求讓他們成為生態缸的絕佳候選蛙，紫葉水竹草這樣的小葉植物以及密軸的鳳梨適合當作小丑樹蛙白天的休息點，而大理石樹蛙似乎偏好在籠子或大片葉子上休息，在生態缸裡種植的植物必須對應你所要飼養的青蛙種類。

**蝌蚪照護** 如果繁殖成功，你將會看到一顆顆卵漂在水面上，蝌蚪會從凝膠狀的卵塊中破出，剛出來時他們會漂浮在水面附近，這時就可以將他們移動到裝有過濾器和水下加溫器的水族箱裡，雖然野外的蝌蚪主要是吃蛙媽媽產的其他卵，但給予他們高品質的熱帶魚薄片飼料一樣可以長得頭好壯壯，記得頻繁換水，每次換水只換一部份，尤其是當你有一大群蝌蚪的時候，蝌蚪在 78°F（26°C）的環境下五又半週至八週內就會變態離水。

## 小丑樹蛙（Clown Tree Frog）

小丑樹蛙（*Dendropsophus leucophyllatus*）是種迷人的小青蛙，棲息在亞馬遜流域的水體周邊，從祕魯東部到巴西以及鄰近國家，他們會保持小小的體型，雄蛙會長到 1.3 英吋（3.3 公分），雌蛙比較大，可以長到 1.7 英吋（4.4 公分）。小丑樹蛙的花紋非常引人注目，他們的背部有褐紅色到深棕色的沙漏狀圖案，被淡黃色或金色包圍起來，酒紅色的四肢上也有出現這種黃色，到了晚上，小丑樹蛙會變得更鮮豔，看起來像鬼魅一般。小丑樹蛙

小丑樹蛙有兩種完全不同的版本，小丑花紋和網格（長頸鹿）花紋，長頸鹿花紋在兩爬玩家裡面很少見。

還有另一種花紋，但寵物市場上不常見。

## 飼養照護

　　嬌小的身形和豔麗的外表，讓小丑樹蛙成為人見人愛的寵物樹蛙，大部分能買到的都是野外捕捉個體，馴化期間必須要嚴密監控，不過一旦成功適應了，就不太需要

擔心，標準 10 至 15 加侖（38 至 57 公升）的水族箱足夠容納五隻小丑樹蛙，水苔、椰纖土或混合土都是很適合的底材，若使用廚房紙巾則需要定期更換。

　　當飼養的小丑樹蛙白天受到驚擾的時候，他們容易從原本的樹枝上跳下地面，躲在任何東西下面尋找安全感，為了配合這項習性，可以在底材上放一些落葉，讓他們受到驚嚇時有地方躲，另外再種植活體植物創造大量遮蔽效果，以及一個讓樹蛙夜晚時浸泡的大水盆。

　　白天時將籠舍維持在 75°F 至 82°F（24°C 至 28°C）之間，夜晚稍微降溫，這樣溫和的溫度應該要配合常態性高濕度。每週兩次餵食蟋蟀，每次每隻樹蛙配額二至六隻蟋蟀，小丑樹蛙對飛蟲特別情有獨鍾，不管是蛾類或蒼蠅都很喜歡，可以定期給予飛蟲豐富菜色，另一種大型殘翅果蠅——海德氏果蠅（*Drosophila hydei*）也是小丑樹蛙眼中的珍饈。

## 繁殖

　　人工繁殖偶爾能成功，提高溫度、濕度和食物量，雄蛙會開始滿天晚上大聲鳴叫，如果猛塞食物，雌蛙很快就會抱卵，在原來住的籠舍或

雨屋裡繁殖都行，雌蛙可能將卵產在水盆邊、挺水植物或懸在水面的葉子。總共會有六百顆卵，孵出來的蝌蚪用一般的方法飼養即可，加溫至熱帶的溫度，並餵食薄片魚飼料直到他們變態完成。

大理石樹蛙攀爬在玻璃上，這是一種與生態缸絕配的青蛙。

## 大理石樹蛙（Marbled Tree Frog）

大理石樹蛙（*Dendropsophus marmoratus*）身上由多個白色、棕色、灰色的色塊組成花紋，這些色塊由黑色的線條描邊，組合成複雜混亂的斑紋，讓他們停棲在樹葉或樹皮上的時候看起來就像一坨鳥屎，如果這招沒效，而他們在睡覺時被掠食者襲擊了，他們會迅速地躍起，展示平常藏在腿部內側的亮橘色圖案，希望能短暫震懾掠食者，爭取時間逃跑。

成蛙體長介於 1.6 至 2.2 英吋（4.0 至 5.6 公分），雌蛙比雄蛙大，他們分布在整個亞馬遜流域，大部分的時間都在樹上，但也常常下來到大雨過後形成的暫時性池塘。

### 飼養照護

大理石樹蛙容易飼養，加上有趣的花紋，讓他們成為很好的寵物，野外捕捉的成體通常來自蘇利南，零星地進入寵物市場，不定期地會出現人工繁殖的大理石樹蛙，是比野外個體更佳的選擇。五至六隻樹蛙可以養在一個標準 20 加侖（76 公升）的水族箱裡，溫度、濕度等等的環境設置都與先前介紹的小丑樹蛙相似。

大理石樹蛙的胃是無底洞，他們會吞下所有蟋蟀、蒼蠅以及其他適當大小的食物，他們很快就會學習到何時是吃飯時間，而且可以從飼主手中接過食物，或是白天時獵捕移動中的獵物。

### 繁殖

在野外，繁殖會發生在大雨過後的池塘邊，雌蛙每窩可以產下超過一千五百顆卵，因此一次成功的人工繁殖就能獲得幾百隻小樹蛙，藉由大量餵食以及維持籠舍高溫高濕度，刺激繁殖行為，一旦雌蛙變肥了，雄蛙開始在晚上鳴叫，就可以將他們移動到雨屋裡。雨屋底部必須要有數英吋高的水，搭配一些漂浮植物或突出水面的石頭，雌蛙會將卵產在水面，如果成功受精，蝌蚪會在一到兩天內孵化，保持溫暖並餵食薄片魚飼料可以讓他們快速長大。

## 墨西哥巨人葉蛙（Mexican Leaf Frog）

墨西哥巨人葉蛙（*Pachymedusa dacnicolor*）是種大型的青蛙，原生於墨西哥太平洋岸乾旱的亞熱帶及熱帶森林，這些森林會經歷漫長的乾季，水源極度缺乏，當雨水終於到來時，墨西哥巨人葉蛙會集體繁殖，大量聚集在暫時的水體周圍。他們可以長很大，雌蛙能達到 3.9 英吋（10 公分），背部的顏色從萊姆綠、藍綠色到深橄欖綠，有時棕色，大部分個體

墨西哥巨人葉蛙的照顧方法與蠟白猴樹蛙很類似。

都有金色斑點散佈在背上。

### 飼養照護

　　人工繁殖的墨西哥巨人葉蛙時不時有機會可以買到，且作為寵物適應良好，29 加侖（110 公升）的水族箱可以容納二或三隻成蛙，裸底、廚房紙巾、椰纖土或土壤都能運作良好，不管你選用哪種，重點是要保持乾燥，家具包括有樹皮、漂流木、PVC 水管和人造植物，如果使用活體植物，要確保他能承受完全體墨西哥巨人樹蛙扎實的重量，另外還要準備一個適合的水盆。籠舍的一端必須安裝一個低瓦數的白熾燈泡，白天時打開可以增加局部的溫度，創造出一個溫度梯度，到了晚上就要關掉，讓籠舍冷卻下來。

　　一般的飼料昆蟲都可以餵給墨西哥巨人樹蛙吃，以蟋蟀當作主食，每幾次餵食中加入其他食物。

### 繁殖

　　野外的繁殖發生在一段漫長的乾季過後，重現相似的條件是繁殖墨西哥巨人樹蛙的必要步驟，在幾週或幾個月的人工乾季之後，每天用水加濕籠舍，除了提高濕度，餵食量也要增加，一旦雄蛙開始鳴叫，而雌蛙挺著肚子的時候，就可以將青蛙們移動到雨屋，兩百顆白色的卵會產在懸在水面上的樹葉和枝條上，卵和之後的蝌蚪照顧方式通用猴樹蛙章節的介紹。

## 巨雨濱蛙（White-Lipped Tree Frog）

　　巨雨濱蛙（*Litoria infrafrenata*）與白氏樹蛙（*Litoria caerulea*）是近親，看起來很相像，但巨雨濱蛙的嘴唇有一圈白線，體色更綠一

新變態的墨西哥巨人葉蛙，人工繁殖的數量頗多。

些，他們也長得非常大，身長有辦法超過 5.0 英吋（12.7 公分），棲息在潮濕的森林和池塘，分布範圍在巴布亞新幾內亞、印尼東部以及周邊島嶼，還有澳洲的小部分，昆士蘭東北部。

巨雨濱蛙是種令人印象深刻的樹蛙，長得很大，卻又簡單而優雅，也非常適應人工飼養，只可惜沒有像他們的表親那樣溫馴和強韌，寵物市場上大部分的巨雨濱蛙都來自野外，運送過程常會出現寄生蟲問題、感染或受傷，因此購買前必須仔細檢查，謹慎觀察馴化期間的健康狀況。

## 飼養照護

巨雨濱蛙需要一個寬闊、通風的籠舍，棲木和人造植物是必備單品，身為一隻大樹蛙，巨雨濱蛙的排泄物也多，為了方便清理，籠舍還是愈簡單愈好，溫度需求跟白氏樹蛙一樣，濕度稍高，你可能需要每天加濕籠舍一到兩次以維持高濕度，食物主要由蟋蟀組成，每幾次餵食可以用其他食物替換蟋蟀，例如蟑螂、大麥蟲、蠶寶寶和蛾類。

## 繁殖

利用一到兩個月的人工乾季，開啟巨雨濱蛙的繁殖程序，這段期間減少加濕和餵食。在乾季過後加大餵食量，每天兩次加濕籠舍，應該就能促使雄蛙開始鳴叫，此時就可以將青蛙們移動到雨屋，一般會建議巨雨濱蛙飼主採用一大群多雄蛙的繁殖組，效果最好。

巨雨濱蛙將卵產在水面，單一雌蛙可以生產超過三千顆卵，如果在

巨雨濱蛙的照顧方式與白氏樹蛙很類似，但巨雨濱蛙需要更高的濕度。

一週後沒看到卵出現，就先將青蛙移出雨屋。水溫維持在79°F至81°F（26°C至27°C）時，大部分蝌蚪會在六到八週內變態完成，巨雨濱蛙小時候只有0.8 英吋（2.0 公分）長，但是成長快速，餵食大量果蠅和適當大小的蟋蟀。同類相食並不少見，因此請將不同大小的樹蛙們分籠飼養，避免小樹蛙被比較大的兄弟姊妹吃掉。

## 白頜樹蛙（Golden tree frog）

白頜樹蛙（*Polypedates leucomystax*）廣泛分布於熱帶亞洲，棲息在森林、濕地以及其他人工環境，例如花園、水溝和房子，大型的雌蛙體長可達 3.5 英吋（8.9 公分），雄蛙比較小，他們有尖尖的頭和流線的身體，顏色多變，從橘色、棕褐色、米色到咖啡色和灰色條紋都有。

### 飼養照護

白頜樹蛙很能適應飼養環境，如果條件得宜，他們是可以很堅強的。但他們個性容易緊張，有時若籠舍太小，他們會弄傷自己的嘴部，20 加侖（76 公升）的水族箱足夠容納三隻白頜樹蛙，至於溫度、濕度和家具擺設都與白氏樹蛙類似，除了濕度要更高。白頜樹蛙不挑食，大部分普通的食物都會吃，包括蟋蟀、蟑螂、蒼蠅，成體樹蛙每三到四天餵食一次。

## 繁殖

　　白頷樹蛙偶有人工繁殖，他們會製造一個卵泡，提供濕度和氧氣給裡面發育中的胚胎，在野外的卵泡通常會懸在水體上方，飼養的白頷樹蛙有時會在水盆上方製作卵泡，但也有可能把卵泡放在地上，這種情況就要將卵泡懸掛到水上，加重餵食量及提高濕度有助於刺激繁殖行為。一到三天內蝌蚪就會從卵泡中孵出，剛出生時沒有什麼活動力，兩到三個月之間蝌蚪們就會變態完成，期間餵食薄片魚飼料。

白頷樹蛙廣泛分布於亞洲地區，從印度到菲律賓以及印尼都有。

譯註：**眼花撩亂的名字**
　　可以看到Polypedates leucomystax在歐美有各種稱呼，但在台灣叫做白頷樹蛙，如果上網搜尋白頷樹蛙，會看到另外兩個名字——布氏樹蛙和斑腿樹蛙，台灣的白頷樹蛙曾經被當作是華南、香港、東南亞的斑腿樹蛙Polypedates megacephalus，後來又有新的證據顯示他們其實是布氏樹蛙Polypedates braueri，因此現在已經改稱布氏樹蛙。
　　而近幾年出現的外來種斑腿樹蛙，最初在彰化田尾被發現，跟隨園藝植物擴散到整個台灣西半部，外型與本土的布氏樹蛙相似，適應能力強，威脅到本土物種的生存。
　　若你看完這個章節有意嘗試飼養，請不要把野生的布氏樹蛙抓回家養，不妨去附近的果園、水桶找找有沒有斑腿樹蛙，就有機會獲得寵物乙隻，順便幫本土青蛙減輕壓力。

## 其實都一樣

白頷樹蛙常以許多俗名在販賣，包括金樹蛙（golden tree frog）、金卵泡蛙（golden foam nest frog）、飛蛙（golden flying frog）、香蕉樹蛙（banana tree frog）、普通樹蛙（common tree frog）、亞洲樹蛙（Asian tree frog）。

譯註：以上俗名沒有一個適用台灣，Polypedates leucomystax這個學名在台灣就是叫白頷樹蛙，台灣「曾經」有過白頷樹蛙，而現在只有布氏樹蛙（Polypedates braueri），因為本來學者認為台灣的這群青蛙與東南亞的白頷樹蛙最接近，但是新的證據顯示比較接近布氏樹蛙，因此青蛙沒變，只是名字變了。

# 飛蛙

大泛樹蛙或叫做中國飛蛙（Chinese gliding frog, *Rhacophorus dennysi*）是種大型的綠色樹蛙，原生於中國東南方、越南以及寮國，偶爾可見販售，這種壯碩的青蛙需要寬大的空間，因為他們的體積大同時又好動，而且排泄物也多，因此最好是選擇簡單易清潔的底材設計，大泛樹蛙對各種飼養環境的容忍度頗高，但最好採用跟白頷樹蛙或白氏樹蛙相同的環境飼養，他們是很棒的寵物樹蛙。

# 黑蹼樹蛙（Reinwardt's Flying Frog）

黑蹼樹蛙（*Rhacophorus reinwardtii*）原生於亞洲的熱帶森林，他們的腳趾間有蹼，能夠輕易在樹木之間滑翔，他們大部分時間棲息在高高的樹冠層，繁殖時向下移動到懸在水體上方的枝條和葉子。他們的背部和頭部主要是綠色，與腹側的橘色形成強烈對比，體側和手臂下方有個海軍藍的斑點，雄蛙更為明顯，誇張大的腳掌和蹼同樣由橘色和海軍藍組成，成體雌蛙比雄蛙大，可達 3.1 英吋（7.9 公分），雄蛙通常介於 1.6 至 2.1 英吋（4.1 至 5.2 公分）之間，雖然黑蹼樹蛙亮麗的色彩令人垂涎，但他們難以馴化，而且需要大型、設備充足的籠舍，因此不是每個人都有能力飼養。

## 飼養照護

貿易商、繁殖者和寵物店偶爾會販售黑蹼樹蛙，有時會以不同的俗名販售，例如藍蹼飛蛙或爪哇飛蛙，人工繁殖不常見，但是值得花時間尋找，因為來自野外的黑蹼樹蛙是出了名的難以馴化，不過一旦穩定之後，只要提供大

黑蹼樹蛙需要空間充裕的籠舍，避免壓力和受傷。

型、乾淨的自然型籠舍，他們就會是很棒的寵物。

黑蹼樹蛙能夠跳躍很遠的距離，有時會在太小的籠子裡弄傷自己，因此他們的籠舍應該要長寬各有好幾英呎（一公尺或以上），同時也要兼顧通風性，以及各種棲木和遮蔽用的闊葉植物，水盆是必備品，必須每天更換。黑蹼樹蛙需要溫暖的氣溫，白天大約 80°F（27°C）或更暖，晚上讓籠舍稍微降溫，每天加濕籠舍維持高濕度，黑蹼樹蛙可以接受各種普通的飼料昆蟲。

## 繁殖

在黑蹼樹蛙的原生地東南亞森林，他們會在雨季時往下移動到懸在水上的植物進行繁殖，一大群青蛙同時集結在一個普通的小水池，因此若飼養一群繁殖組將更能刺激繁殖行為，特別是當很多隻雄蛙為了爭奪交配權互相競爭時。

蛙卵將會被泡沫包覆住避免乾燥，蝌蚪孵化後就會掉進下方的水裡，有一名以上經驗豐富的飼主，曾注意到人工繁殖的黑蹼樹蛙顏色不像野外個體那麼鮮豔。

# 大眼樹蛙（Big-Eyed Tree Frog）

小黑蛙屬（*Leptopelis*）的種類繁多，大約有五十種，全部都原生於非洲，有些是屬於穴居型（fossorial），一年之中大部分時間都待在地底下，而其他則比較符合「樹蛙」的描述，具有吸盤和樹棲習性。

兩種樹棲型的小黑蛙屬有穩定的輸入寵物市場，其他種類則零零星星出現，最常見的是 *L. vermiculatus*，常以俗名孔雀樹蛙（peacock tree frog）或烏桑巴拉大眼蛙（Usambara big-eyed tree frog）進行販售，他們是大型的小黑蛙物種，雌蛙可達 3.3 英吋（8.5 公分），雄蛙比較

## 會築巢的蛙

許多小黑蛙屬的物種會在地面建造一個淺巢繁殖，蝌蚪適應演化出特殊的尾巴扭動離開巢，前往附近的水體，人工繁殖大眼樹蛙仍有許多要學習的地方，值得我們去實驗，為他們獨特的生殖行為找出適合的設置。

小，介於 1.5 至 2.0 英吋（3.9 至 5.0 公分），幼蛙是漂亮的綠寶石色（其他小黑蛙屬也是），黑色小斑紋組成錯綜複雜的圖案。長大以後，有些個體仍會維持原本的顏色，其餘則轉變成黃褐色和棕色。

華麗大眼樹蛙（ornate big-eyed tree frog, *L. flavomaculatus*）也是比較容易取得的種類，他們的顏色從褐色到綠色，通常會有一個深色的三角形圖案在背部中間，比較大的雌蛙長度可達 2.8 英吋（7.0 公分），其他偶爾可見的物種包括 *L. argenteus*、*L. Barbouri*、*L. boulengeri*、*L. brevirostris* 和 *L. uluguruensis*。

### 飼養照護

某些大眼樹蛙在人工飼養下可以很強壯，其他種類則比較敏感，*L.*

青蛙玩家之間偶爾可見到一些大眼樹蛙，孔雀樹蛙（*L. vermiculatus*）（上）應該是最常見的種類，*L. uluguruensis*（下）就很少見了。

*flavomaculatus* 和 *L. vermiculatus* 屬於第一個類型,但飼主必須挑選健康的個體,幾乎所有能買到的大眼樹蛙都是野外捕捉,而他們初期的健康條件會決定往後寵物蛙生的命運。

你可以使用一個 15 至 20 加侖(57 至 76 公升)的水族箱飼養最多五隻青蛙,家具簡單就好,包括廚房紙巾或椰纖土底材、盆栽植物、漂流木和水盆,白天將溫度保持在 75°F 至 85°F(24°C 至 29°C)之間,夜晚時讓溫度下降到 68°F(20°C)附近,不需要高濕度,雖然每個星期稍微加濕籠舍也不是壞事,蟋蟀很適合給大眼樹蛙吃,其他飼料昆蟲例如蒼蠅和蛾類,可以每兩週一次用來替換蟋蟀。

## 蘆葦蛙(Reed Frog)

俗名蘆葦蛙通常是指蘆葦蛙屬(*Hyperolius*),包含大約一百二十五種小型的樹棲青蛙,棲息在撒哈拉以南非洲的莽原、草原和森林,他們白天在池塘、水溝或其他水源邊的蘆葦上或長草上睡覺,許多種類具有引人注目的線條或斑點,而且有辦法急遽地變換顏色,大部分種類的成蛙大約只有 1.0 英吋(2.5 公分)長。常出現在寵物市場的種類包括阿格斯蘆葦蛙(Argus reed frog, *H. argus*)、大理石紋蘆葦蛙(Painted reed frog, *H. marmoratus*)、米氏蘆葦蛙(Mitchell's reed frog, *H. mitchelli*),帕氏蘆葦蛙(Parker's reed frog, *H. parkeri*)、廷克蘆葦蛙(tinker reed frog, *H. tuberilinguis*)、普通蘆葦蛙(common reed frog, *H. viridiflavus*)。俗名蘆葦蛙有時也會用來稱呼阿非蛙屬(*Afrixalus*)和馬達加斯加特有的異跳蛙屬(*Heterixalus*)物種,兩者都可以用與 *Hyperolius* 相同的方式飼養。

### 飼養照護

　　一個 15 加侖（57 公升）的水族箱可以容納七到八隻成蛙，底材使用廚房紙巾、椰纖土或水苔。很重要的是得在籠舍裡面提供支撐性足夠的棲木，讓他們有地方休息，竹竿、漂流木枝條，以及人造或活體植物都能當作棲木，飼養的蘆葦蛙似乎特別愛好在鳳梨或其他具有緊密葉軸的植物上睡覺，由於他們不會長很大，因此很適合養在生態缸。打開籠子的時候要特別注意，這些小東西很喜歡躲在水族箱上面的角落休息，有時候隱藏得太好，導致打開蓋子的時候讓他們受到驚嚇跳出來。

　　光線強度和溫度是影響蘆葦蛙顏色的主要因素，因此在籠舍上方用強光照射有益於色彩表現，一般的日光燈就足夠勝任，除了日光燈，還必須有個低瓦數的白熾燈安裝在籠舍的一端，提供熱點，此處的溫度可以接近 90°F（32°C），而其他區域應該保持涼爽的 70°F 至 80°F（21°C 至 27°C），加濕籠舍保持濕度也是必要工作之一。

大理石紋蘆葦蛙的顏色和花紋千變萬化。

　　以一隻小青蛙來說，蘆葦蛙的食量不容小覷，他們特別熱衷於獵捕飛蟲，因此可以固定提供蛾類或蒼蠅，這些飛蟲可以當作小蟋蟀和殘翅果蠅之外的加菜。

## 繁殖

野外的蘆葦蛙在雨季繁殖，你可以藉由模擬類似的環境條件來刺激他們繁殖，在籠舍裡擺放一個大水盆，蘆葦蛙有時只需要伙食良好和濕度高就會開始繁殖，有些人也成功地將蘆葦蛙移動到小雨屋裡面繁殖。一般認為當多隻雄蛙互相競爭的時候繁殖效果最好。小團塊狀的卵會產在水中、水面或水面上的植物，依種類不同，卵的數量從五十到六百顆都有，蝌蚪算是強韌，適合吃藻類魚飼料，新變態完成的蘆葦蛙和幼蛙常只展現出其中一個可能的成體花紋，成熟後才會轉變為成體型態。

Abate, Ardi. *Thoughts for Food.* 3rd ed. Chameleon Information Network, 2002.

*AmphibiaWeb.* 2006. University of Berkeley California. 5 Feb. 2007 http://amphibiaweb.org/index.html.

Bertoluci, J, P.S. Santos, M.A.S. Canelas, and J. Cassimiro. "*Phyllomedusa burmeisteri.*" *Reptilia* Apr 2005: 38-42.

Bertoluci, Jaime. "Pedal Luring in the Leaf-Frog *Phyllomedusa burmeisteri.*" *Phyllomedusa* 1 (2002): 93-95.

Biggi, E. "Fairies of the Trees. Monkey Frogs of the Genus *Phyllomedusa.*" *Reptilia* Apr. 2005: 10-21.

Biggi, E. "*Phyllomedusa hypocondrialis azurea.*" *Reptilia* Apr. 2005: 22-30.

Capobianco, Henry. "Care Sheet for Low Land Leptopelidae." *Terra Typica.* 4 Feb. 2007 http://www.terra-typica.ch/berichte/Leptopelis/leptenglish.htm.

Channing, Alan. *Amphibians of Central and Southern Africa.* Ithaca, NY: Cornell UP, 2001.

Channing, Alan, and Kim Howell. *Amphibians of East Africa.* Ithaca, NY: Cornell UP, 2006.

Church, Gilbert. "The Variations of Dorsal Pattern in *Rhacophorus leucomystax.*" *Copeia* 1963 (1963): 400-405.

Cooper, Steve. "Red-Eyed Wonders." *Reptiles* Mar. 2002: 28-35.

Coote, Jon. "*Phyllomedusa sauvagii*: the Pet Frog of the Future." *Reptilia* Feb. 1999: 64-68.

Erspamer, V, GF Erspamer, C Severini, RL Potenza, D Barra, G Mignogna, and A Bianchi. "Pharmacological Studies of 'Sapo' From the Frog *Phyllomedusa bicolor* Skin: a Drug Used by the Peruvian Matses Indians in Shamanic Hunting Practices." *Toxicon* 31 (1993): 1099-1111. 27 Jan. 2007 http://www.ncbi.nlm.nih.gov.

Faivovich, Julian, Celio Haddad, Paulo Garcia, Darrel Frost, Jonathan Campbell, and Ward Wheeler. *Systematic Review of the Frog Family Hylidae, with Special Reference to Hylinae: Phylogenetic Analysis and Taxonomic Revision.* American Museum of Natural History. New York, NY: Bulletin of the American Museum of Natural History, 2005.

Fenolio, D. 1998. Notes on the Captive Reproduction of the Amazonian Milk Frog (*Phrynohyas resinifictrix*). *Reptiles,* April 1998:84-89.

Fenolio, Danté. "Captive Reproduction of the Orange-Legged Monkey Frog (*Phyllomedusa hypochondrialis*), and the Development of a Protocol for Phyllomedusine Frog Reproduction in the Laboratory." *Advances in Herpetoculture.* Des Moines, Iowa: Crown Craft Printing, 1996. 13-21.

Frog Decline Reversal Project. 2006. "How to Recognise Chytrid Fungus." 3 Feb. 2007. http://www.fdrproject.org/pages/disease/CHYrecog.htm.

Frost, Darrel R. "Amphibian Species of the World: an Online Reference. Version 5.0." 1 Feb. 2007. American Museum of Natural History. 4 Feb. 2007 http://research.amnh.org/herpetology/amphibia/index.html.

IUCN, Conservation International, and NatureServe. 2006. Global Amphibian Assessment. 5 Feb. 2007. www.globalamphibians.org.

Jarvie, Michelle. "Toad-Talk and Frog-Speak: Male Chorusing and Female Sexual Selection in Anurans." 11 Dec. 2002. Michigan Technological University. 3 Feb. 2007 http://www.bio.mtu.edu/~mmjarvie/Evolution%20report.pdf#search=%22Polypedates%20leucomystax%20female%20call%22.

Kowalski, Edward. "They are What They Eat." *Reptiles* Aug. 2004: 40-43.

Kubicki, Brian. *Leaf-Frogs of Costa Rica.* 1st ed. INBio, 2004. 74-85.

Miller, Jessica J. "*Rhacophorus reinwardtii.*" Livingunderworld.org. 5 Feb. 2007 http://www.livingunderworld.org/anura/database/rhacophoridae/rhacophorus/reinwardtii/.

Neckel-Oliveira, Selvino, and Milena Wachlevski. "Predation on the Arboreal Eggs of Three Species of *Phyllomedusa* in Central Amazônia." *Journal of Herpetology* 38 (2004): 244-248.

Ohler, Annemarie, and Magali Delorme. "Well Known Does Not Mean Well Studied: Morphological and Molecular Support for Existence of Sibling Species in the Javanese Gliding Frog *Rhacophorus reinwardtii* (Amphibia, Anura)." *Comptes Rendus Biologies* 329 (2006): 86-97.

Picken, Les. "Foam & Fortune—Foam Nest Frogs." *Reptile Care* Jan.-Feb. 2005: 53-57.

Picken, Les. "Thigh of the Tiger." *Reptile Care* Dec. 2004: 44-47.

Purser, P. "Chorus of the Night: Care and Maintenance of Five Popular Tree Frogs." *Reptilia* June 2003: 22-25.

Reynolds, Gail. "Flying Frogs." *Reptile Hobbyist* June 1997: 44-50.

Rodriguez, Lily O., and William E. Duellman. *Guide to the Frogs of the Iquitos Region, Amazonian Peru.* Lawrence, Kansas: The University of Kansas Natural History Museum, 1994.

Savage, Jay M. *The Amphibians and Reptiles of Costa Rica.* Chicago, IL: University of Chicago P, 2002. 281-283.

Schiesari, Luis, and Marcelo Gordo. "Treeholes as Calling, Breeding, and Developmental Sites for the Amazonian Canopy Frog, *Phrynohyas resinifictrix* (Hylidae)." *Copeia* (2003): 263-272.

Searcey, Rex L. "Meet the Reed Frogs." *Reptiles* Oct. 2001: 48-65.

Slavens, Frank. "Longevity—Frog & Toad Index." *Frank and Kate's Webpage.* 2003. 3 Feb. 2007 http://www.pondturtle.com/lfrog.html.

Soden, S. "*Phyllomedusa bicolor*—Breeding Giant Waxy Monkey Frogs." *Reptilia* Apr. 2005: 31-37.

Staniszewski, Marc. "Hylidae." *Reptilia* June 2003: 14-21.

Tuttle, James. Blaberus.com. 2004. 6 Feb. 2007. www.blaberus.com.

Vosjoli, Philippe de, Robert Mailoux, and Drew Ready. *Care and Breeding of Popular Tree Frogs.* Mission Viejo, CA: Advanced Vivarium Systems, 1996.

Vosjoli, Philippe de, Robert Mailoux, and David Travis. "Keeping and Breeding the Amazing Chacoan Monkey Frog." *The Vivarium* May-June 1997: 38-42.

Young, Bruce E., Simon N. Stuart, Janice S. Chanson, Neil A. Cox, and Timothy M. Boucher. *Disappearing Jewels: the Status of New World Amphibians.* Arlington, Virginia: NatureServe, 2004.

蘭道‧巴柏 Randall Babb：45, 49, 62

瑪麗安‧培根 Marian Bacon：1, 30, 32, 67, 79（上）,105 和原文書封面

巴雷特 Bartlett：40, 42, 54, 58, 66, 72, 79（下）, 85, 89, 100, 107（下）,
110 和原文書封底

馬力斯‧伯格 Marius Burger：122

馬修‧坎貝爾 Matthew Campbell：96

大衛‧都貝 David Dube：56

德文‧艾德蒙 Devin Edmonds：17, 25, 26, 27, 28, 46, 47, 75, 76, 108, 112

伊莎貝爾‧法蘭西 Isabelle Francais：61, 73

保羅‧弗里德 Paul Freed：10, 39, 43, 53, 68, 69, 82, 90, 106, 115, 120（上）

詹姆士‧E‧傑哈德 James E. Gerholdt：20, 34

麥可‧吉爾羅伊 Michael Gilroy：52

雷‧亨澤爾 Ray Hunziker：37

貝瑞‧曼賽爾 Barry Mansell：64

尚恩‧麥克恩 Sean McKeown：94

傑洛德‧梅克 & 辛蒂‧梅克 G. & C. Merker：4, 7, 8, 11, 18, 35, 80, 83,
86, 87, 113, 118

亞倫‧諾曼 Aaron Norman：6, 14, 65, 70

Shutterstock（圖庫公司）：116

馬克‧史密斯 Mark Smith：78, 91, 107（上）, 117, 120（下）

麥可‧斯摩格 Michael Smoker：48, 97

卡爾‧H‧思維塔克 Karl H. Switak：23, 92, 95, 102

約翰‧C‧泰森 John C. Tyson：99

國家圖書館出版品預行編目資料

樹蛙：飼養環境、餵食、繁殖、健康照護一本通！
/ 德文·艾德蒙（Devin Edmonds）著；蔣尚恩譯.
-- 初版 . -- 臺中市：晨星，2018.08
面； 公分 . --（寵物館；67）

譯自：Complete herp care tree frogs

ISBN 978-986-443-468-8（平裝）

1. 蛙 2. 寵物飼養

437.39　　　　　　　　　　　　107008717

寵物館 67

# 樹蛙：
## 飼養環境、餵食、繁殖、健康照護一本通！

| | |
|---|---|
| 作者 | 德文·艾德蒙（Devin Edmonds） |
| 譯者 | 蔣尚恩 |
| 主編 | 李俊翰 |
| 編輯 | 李佳旻 |
| 美術設計 | 陳柔含 |
| 封面設計 | 言忍巾貞工作室 |

| | |
|---|---|
| 創辦人 | 陳銘民 |
| 發行所 | 晨星出版有限公司 |
| | 407 台中市西屯區工業 30 路 1 號 1 樓 |
| | TEL：04-23595820　FAX：04-23550581 |
| | 行政院新聞局局版台業字第 2500 號 |
| 法律顧問 | 陳思成律師 |
| 初版 | 西元 2018 年 8 月 1 日 |

| | |
|---|---|
| 總經銷 | 知己圖書股份有限公司 |
| | 106 台北市大安區辛亥路一段 30 號 9 樓 |
| | TEL：02-23672044 / 23672047　FAX：02-23635741 |
| | 407 台中市西屯區工業 30 路 1 號 1 樓 |
| | TEL：04-23595819　FAX：04-23595493 |
| | E-mail：service@morningstar.com.tw |
| | 網路書店 http://www.morningstar.com.tw |
| 讀者服務專線 | 04-23595819#230 |
| 郵政劃撥 | 15060393（知己圖書股份有限公司） |

| | |
|---|---|
| 印刷 | 啟呈印刷股份有限公司 |

**定價380元**
ISBN 978-986-443-468-8

Complete Herp Care Tree Frogs
Published by TFH Publications, Inc.
© 2007 TFH Publications, Inc.
All rights reserved

# ◆讀者回函卡◆

姓名：＿＿＿＿＿＿＿＿＿　性別：□男　□女　生日：西元　　／　　／

教育程度：□國小　□國中　□高中/職　□大學/專科　□碩士　□博士

職業：□學生　　　□公教人員　　□企業/商業　□醫藥護理　□電子資訊
　　　□文化/媒體　□家庭主婦　　□製造業　　　□軍警消　　□農林漁牧
　　　□餐飲業　　□旅遊業　　　□創作/作家　□自由業　　□其他＿＿＿＿

* 必填 E-mail：＿＿＿＿＿＿＿＿＿＿＿＿＿＿＿＿　聯絡電話：＿＿＿＿＿＿＿＿

聯絡地址：□□□＿＿＿＿＿＿＿＿＿＿＿＿＿＿＿＿＿＿＿＿＿＿＿＿＿＿＿

購買書名：樹蛙＿＿＿＿＿＿＿＿＿＿＿＿＿＿＿＿＿＿＿＿＿＿＿＿＿＿＿

**・本書於那個通路購買？**　　□博客來 □誠品 □金石堂 □晨星網路書店 □其他＿＿＿

**・促使您購買此書的原因？**

□於 ＿＿＿＿＿＿ 書店尋找新知時　□親朋好友拍胸脯保證　□受文案或海報吸引

□看＿＿＿＿＿＿＿＿網路平台分享介紹　□翻閱 ＿＿＿＿＿＿＿ 報章雜誌時瞄到

□其他編輯萬萬想不到的過程：＿＿＿＿＿＿＿＿＿＿＿＿＿＿＿＿＿＿＿＿＿

**・怎樣的書最能吸引您呢？**

□封面設計　□內容主題　□文案　□價格　□贈品　□作者　□其他 ＿＿＿＿＿＿

**・您喜歡的寵物題材是？**

□狗狗　□貓咪　□老鼠　□兔子　□鳥類　□刺蝟　□蜜袋鼯

□貂　　□魚類　□烏龜　□蛇類　□蛙類　□蜥蜴　□其他＿＿＿＿＿

□寵物行為　□寵物心理　□寵物飼養　　□寵物飲食　　□寵物圖鑑

□寵物醫學　□寵物小說　□寵物寫真書　□寵物圖文書　□其他＿＿＿＿

**・請勾選您的閱讀嗜好：**

□文學小說　□社科史哲　□健康醫療　□心理勵志　□商管財經　□語言學習

□休閒旅遊　□生活娛樂　□宗教命理　□親子童書　□兩性情慾　□圖文插畫

□寵物　　　□科普　　　□自然　　　□設計/生活雜藝　　□其他 ＿＿＿＿＿＿

感謝填寫以上資料，請務必將此回函郵寄回本社，或傳真至 (04)2359-7123，
您的意見是我們出版更多好書的動力！

**・其他意見：**

也可以掃瞄 QRcode，
直接填寫線上回函唷！

請填妥後對折裝訂，直接投郵即可，免貼郵票。

廣告回函
台灣中區郵政管理局
登記證第267號
免貼郵票

407
台中市工業區30路1號

# 晨星出版有限公司
## 寵物館

請沿虛線摺下裝訂，謝謝！

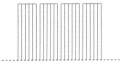